毎日使える！

Visual Studio Code

実践的な操作、言語ごとの開発環境、拡張機能開発

上田裕己
Ueda Yuki

技術評論社

はじめに

　プログラマーの仕事道具と言えばプログラミングエディターです。Microsoftが開発したVisual Studio Code（以下、VS Code）は、現在最も人気のあるエディターです。本書では、日々のコーディングでVS Codeを使いこなすための方法を解説します。

　VS Codeの最大の特徴は、高いカスタマイズ性と豊富な拡張機能です。VS Codeが持つ機能はたくさんありますが、それらの全体像を把握することは困難です。そこで本書では、操作方法、言語ごとの開発環境の構築、拡張機能開発の大きく3つに分けて、VS Codeの使い方を網羅的に説明します。

　第1章から第5章では、VS Codeの操作方法を解説します。第1章では、VS Codeの歴史やインストール方法といった基礎知識を扱います。第2章では、検索や置換、ショートカットキー、タスク設定などの実践的な編集操作を学びます。第3章ではVS CodeのUIや設定のカスタマイズ方法、第4章ではお勧めの拡張機能を紹介します。第3章、第4章ともに、VS Codeを自分のスタイルへ合わせる役割を持っています。第5章では、VS Codeを使ってGit/GitHubでバージョン管理を行う方法を解説します。

　第6章から第8章では、JavaScript/TypeScript、Java、Pythonの開発環境を構築します。各章の前半では、プログラミング言語ごとに必要な拡張機能のインストールや、デバッグ、テストの方法を学びます。後半では、発展としてWebアプリケーションの開発やデータサイエンスを体験します。

　第9章と第10章では、4つのVS Code拡張機能を開発します。拡張機能開発のテンプレートを使って、拡張機能の作成から公開までの手順を学びます。最終的には、コードの自動修正やコード補完機能など、実際に使える拡張機能の開発を目指します。

　お勧めの読み方は、第1章から第5章まで読んでVS Codeの基礎知識を理解し、残りの章は自分の興味に合わせて必要な情報に目を通すことです。

本書で利用するVS Codeのバージョンは1.76.0です。

本書が、多くの方にとってVS Codeを使いこなす手助けとなれば幸いです。

2023年6月　上田裕己

謝辞

まず読者のみなさまへ、本書を手にとっていただき、ありがとうございます。

次に、「WEB+DB PRESS」と本書の執筆をご提案いただいた、技術評論社の稲尾尚徳さんに感謝いたします。執筆経験の乏しい私でも、熱心なサポートのおかげで本書を書き上げることができました。

そして、本書をレビューいただいた奥西理貴さん、井ノ口輝さんに感謝いたします。お二人の丁寧なレビューで修正された本書の誤りは数え切れません。

また、VS Code Meetup コミュニティのみなさまに感謝いたします。コミュニティ活動でお聞かせいただいた話が、本書を執筆するきっかけになりました。

素敵なエディターを開発されたVS Codeチームに感謝いたします。本書執筆中も多くのアップデートがあり、書くことが尽きませんでした。

最後に、本書の執筆を応援してくださった家族や友人に感謝いたします。

サポートページ

本書のサンプルコードは、下記サポートサイトからダウンロードできます。正誤情報なども掲載します。

- https://gihyo.jp/book/2023/978-4-297-13569-0/support

目次

毎日使える! Visual Studio Code —— 実践的な操作、言語ごとの開発環境、拡張機能開発

第 *1* 章

Visual Studio Code入門　　　　　　　　　　　　　　　　1

第 **2** 章

実践的な編集操作   19

第 **3** 章

UIや設定のカスタマイズ 39

第4章
お勧めの拡張機能　51

第5章
Git/GitHubによるバージョン管理　61

第 **6** 章

JavaScript/TypeScriptによる開発   81

第8章
Pythonによる開発
131

第 **9** 章

拡張機能開発入門　　　　149

9.1

拡張機能の自作 150

9.2

拡張機能の開発環境のインストール 150

9.3

Hello拡張機能 152

第 *10* 章
実践的な拡張機能開発　　　　　　　　　　　177

第 *1* 章

Visual Studio Code入門

Visual Studio Code（以下、VS Code）は、Microsoftが開発したプログラミングエディター（以下、エディター）です。

本章では、VS Codeの概要やインストール方法、基本操作について紹介します。本章を通して、VS Codeがどんなツールであるか理解しましょう。

1.1

Visual Studio Codeとは

VS Codeは、プログラムを作成するための開発環境と呼ばれる道具です。開発環境には大きくエディターとIDE（*Integrated Development Environment*、統合開発環境）があります。おおざっぱに分類すると、エディターは起動や操作が軽快で、すばやくプログラムを書くのに向いています。それに対してIDEは、プログラムのテストや修正など、多くの機能を持っています。VS Codeの特徴は、軽量なエディターであり、なおかつIDEの機能を持っていることです[注1]。

VS Codeの開発元はMicrosoftで、2015年にオープンソースソフトウェアとして発表されました。以来、多くの開発者に愛用されてきました。StackOverflowによる調査[注2]や、JavaScriptユーザーに向けた調査[注3]では、最も人気のあるエディターに選ばれています。その人気はオープンソースとしても高く、GitHubの年次レポートであるOctoverse[注4]では、2019年から2022年まで最も貢献者（プロジェクトに参加する開発者）の多いオープンソースプロジェクトとして紹介されています。

なぜVS Codeは人気のあるエディターとなったのでしょうか。世の中ではさまざまなエディターが利用されています。たとえば、VimやEmacs

---

注1　近年は第10章で紹介するLSPの登場や技術の向上により、エディターとIDEの差はあいまいになりつつあります。

注2　https://survey.stackoverflow.co/2022/#section-worked-with-vs-want-to-work-with-integrated-development-environment

注3　https://2020.stateofjs.com/en-US/other-tools/

注4　https://octoverse.github.com/2022/state-of-open-source

などのエディターや、Eclipse、IntelliJ IDEAをはじめとしたIDEは、すでに広く普及しています。既存のエディターやIDEでも、VS Codeと同様にコーディングやテストを行えます。そんな中で新たにVS Codeを使う利点は、学習コストの低さと万能性です。次項から、具体的な利点を紹介します。

誰でも、どこでも使える

多くを学ぶ必要があるソフトウェア開発において、学習コストの低いVS Codeはプログラマーの強い味方です。VS Codeが提供する機能の大半は、マウスクリックとショートカットキーの両方で利用できます。そのため、プログラミングに慣れていない人でも、メニューを探せば欲しい機能にたどり着けます。

反対に、VimやEmacsなどの既存エディターの扱いに習熟している方に向けた機能もあります。後述するVS Codeの拡張機能によって、既存エディターに類似したキーマップや設定を利用できます。このおかげで、熟練者もVS Codeの豊富な機能の活用と慣れたUI(*User Interface*)での操作が両立可能になります。

さらに、使うOSも選ばず、バージョン管理機能を使えば複数人での開発も容易に行えます。使うPCや働く場所が変わっても、VS Codeを安心して利用できます。

つまり、VS Codeは使いやすく、使いこなしやすいエディターだと言えます。

高いカスタマイズ性を持つ

VS Codeは、拡張機能(*Extension*)と呼ばれる追加ソフトウェアによって、自分の開発スタイルに合わせた開発環境を提供します。たとえば、Python言語を使うプログラムを書く場合、Python拡張機能をインストールします。拡張機能を使うことで、実行や自動的なコードチェックなど、IDEにも負けないサポートを利用できます。

現在、4万件以上もの拡張機能が配布サービスであるMarketplaceを介

して配布されています注5。VS Code で不便に感じることがあれば、Marketplace で検索すると欲しい機能が見つかるでしょう。

1.2

Visual Studio Codeの歴史

最先端エディターである VS Code ですが、執筆時点で12年の歴史を持ちます。本節では、VS Code の開発リーダーである Erich Gamma さんによる 2022年の SISummit での講演注6をもとに、歴史を振り返ります。

Erich Gamma さんは、Java の IDE である Eclipse や、テストフレームワークである JUnit の開発者として有名な現役の開発者です。『オブジェクト指向における再利用のためのデザインパターン』注7の著者としても知られています。

2011年～：オンラインエディターとして誕生

2011年、VS Code の前身である「Visual Studio Online "Monaco"」の開発が始まりました。このときのコンセプトは「Webで使えるエディター」で、2021年にリリースされた「Codespaces」注8の先駆けでした。当時でもすでに、Git との連携、コードの検索や実行の機能を提供していました。**図 1.1**は、Monaco のインタフェースです。

しかし、2013年時点の月間ユーザーは3千人程度で、目標の3万人に到底届かないことから、方針の転換を求められました。方針の転換を余儀なくされた Monaco ですが、リクエスト数削減のための高速化など今の VS Code で活きている実装は多く、Gamma さんも必要な経験だったと

注5　https://marketplace.visualstudio.com/search?target=VSCode
注6　https://www.youtube.com/watch?v=PMCvTL_kscI
注7　Erich Gamma、Ralph Johnson、Richard Helm、John Vlissides 著／本位田真一、吉田和樹監訳『オブジェクト指向における再利用のためのデザインパターン 改訂版』ソフトバンク クリエイティブ、1999年
注8　https://github.co.jp/features/codespaces

図1.1　Monacoエディター

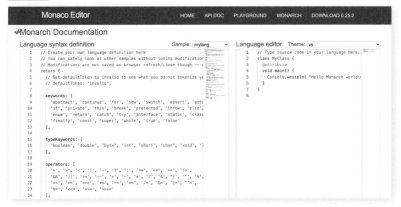

述べています。また、Monacoは現在、Webサイトに埋め込めるエディターMonaco Editor[注9] としても利用されています。

2014年～：オープンソースのデスクトップエディターへの転換

2014年、MicrosoftのCEO（*Chief Executive Officer*、最高経営責任者）交代の影響で開発方針が大きく変わり、VS Codeの実装を公開するオープンソース化の動きが始まりました。Monacoも新たにオープンソースのデスクトップエディター「Visual Studio Code」として生まれ変わりました。

VS Codeは、拡張機能による柔軟性やデバッグ機能、Monacoから続く高パフォーマンスで、リリース直後から人気エディターとなりました。開発チームも大所帯になり、現在はスイスとアメリカのMicrosoft社員を中心に開発しています。

現在：オープンソースプロジェクトとして発展中

現在VS Codeは、前述したようにMicrosoft社のプロジェクトでありながら、最も人気なオープンソースプロジェクトとして多くの開発者が開発に参

注9　https://microsoft.github.io/monaco-editor/

加しています。公式ページのチュートリアルやサンプルも豊富で、オープンソースソフトウェア開発の入門としても参加しやすいプロジェクトです。

　紆余曲折あったVS Codeですが、2022年の講演時には、2,000万人以上の月間ユーザーを得ています。また、解決したGitHubのIssue（機能提案や不具合報告）も12.2万件に及びます。これらの数字から、VS Codeがツールとコミュニティの双方として成長しているのが見て取れます。

これから：拡張機能の充実

　現状、VS Codeプロジェクト本体は成熟しています。次の目標としては、データサイエンス機能やデバッグ機能の充実など、さまざまな拡張機能の開発が予定されています。今後の動向にも注目しましょう。

1.3

Visual Studio Codeのインストール

　いよいよ、VS Codeをさわっていきます。まずはVS Codeをインストールしましょう。

Windows

　VS Code公式サイト[注10]の図1.2左にあるボタンからインストーラーをダウンロードして実行してください。インストール時には、「追加するタスクの選択」画面にてcodeコマンドをインストールするかどうかを尋ねられます。このとき、「PATHへの追加（再起動後に使用可能）」のチェックボックスを選択すると、codeコマンドでVS Codeを起動できます。

　32ビット版のWindowsを利用している場合は、先述した詳細ダウンロードページで「x86」を選んでください。

注10　https://code.visualstudio.com/

図1.2　Visual Studio Codeのダウンロードページ

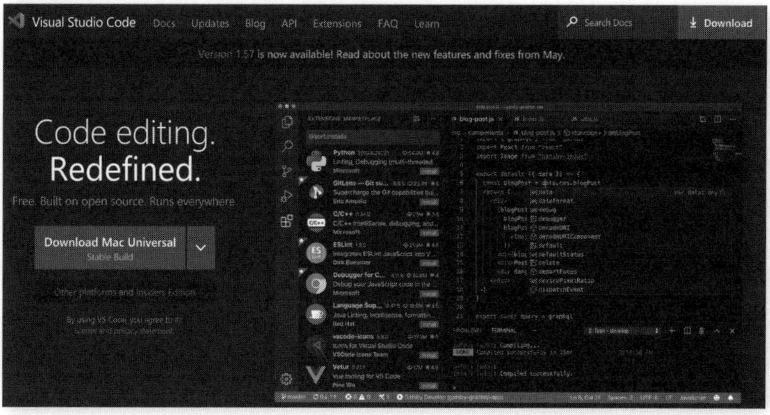

macOS

　Windowsと同じく、公式サイトの図1.2左にあるボタンからZIPファイルをダウンロードして展開します。展開後はApplicationフォルダにドラッグすることでインストールが完了します。

　M1/M2チップ搭載Macを利用している場合は、ダウンロード時に詳細ダウンロードページ[注11]にある「Apple silicon」を選んでください。

Linux

　Linuxには多くのディストリビューション（配布形式）があります。以降では各ディストリビューションに対応したインストール方法を紹介します。

■── Debian GNU/Linux、Ubuntu

　ディストリビューションがDebian GNU/LinuxやUbuntuの場合、先述した詳細ダウンロードページからdebパッケージをダウンロードします。執筆時点のファイル名は`code_1.76.2-1678817801_amd64.dep`でした。ダウンロードしたあと、次のコマンドを実行すればインストール完了です。

注11　https://code.visualstudio.com/#alt-downloads

```
ダウンロードしたdebパッケージのインストール
$ sudo apt install ./code_1.76.2-1678817801_amd64.dep

https経由でダウンロードするためのプロトコルのインストール
$ sudo apt install apt-transport-https

パッケージの更新
$ sudo apt update

VS Codeの再インストール
$ sudo apt install code
```

■—— Red Hat Enterprise Linux、Fedora、CentOS

Red Hat Enterprise Linux、Fedora、CentOSの場合、次のコマンドで64
ビット版VS Codeをインストールできます。

```
rpmパッケージを取り入れる
$ sudo rpm --import https://packages.microsoft.com/keys/microsoft.asc

yumを利用してVS Codeのインストール
$ sudo sh -c 'echo -e "[code]\nname=Visual Studio Code\nbaseurl=https://package
s.microsoft.com/yumrepos/vscode\nenabled=1\ngpgcheck=1\ngpgkey=https://packages.
microsoft.com/keys/microsoft.asc" > /etc/yum.repos.d/vscode.repo' (実際は1行)
```

Fedora 22以上を利用している場合は、次のコマンドでVS Codeをアッ
プデートできます。

```
アップデートされたパッケージの確認
$ sudo dnf check-update

VS Codeのアップデート
$ sudo dnf install code
```

■—— Snapパッケージ

ディストリビューションを問わず利用できるパッケージであるSnapを
使う場合、Snap Store[注12] にてVS Codeのパッケージが配布されています。
このパッケージは、次のコマンドでインストールできます。

```
$ sudo snap install --classic code
```

注12　https://snapcraft.io/code

　一般的に、Snapを使ったインストールはパッケージのサイズが大きくなりがちです。可能であればaptコマンドやrpmコマンドを利用したインストール方法を推奨します。

日本語化

　インストール時点のVS CodeのUIは英語です。本書では、日本語化を前提に進めます。次の手順から、日本語を有効にしましょう。

❶図1.3のアクティビティバー（画面左端のアイコンメニュー）の上から5番目の「拡張機能」アイコン（⊞）を選択する

❷サイドバー（アクティビティバーの右隣のエリア）の「Search Extensions in Marketplace」欄に「japanese」と入力する

❸サイドバー中の項目に「Japanese Language Pack for Visual Studio Code」が出てくるので選択する

❹「install」（インストール）ボタンを押下する

❺インストール後、画面右下の通知ポップアップに再起動を促すメッセージが表示されるので、再起動を行う

図1.3 日本語化拡張機能のインストール

Visual Studio Codeのアップデート

　VS Codeの開発は活発で、大きく2種類のアップデートが行われています。一つは、1ヵ月に一度大きな機能変更を行うマイナーアップデートです。もう一つは、マイナーアップデート後に見つかった不具合を修正するパッチアップデートです。いずれのアップデートも使い勝手の向上やセキュリティに関わる問題の解決が含まれるため気付いたら適用しましょう。

　アップデートが可能なときは、**図1.4**左下の「管理」アイコン（⚙️）に青い丸で通知されます。「更新の確認...」で更新を確認でき、「再起動して更新する(1)」を選ぶと、VS Codeを最新版に更新できます。更新後は追加された機能を紹介するリリースノートが表示されるので、新しいVS Codeを楽しみましょう。

毎日アップデートするVisual Studio Code Insiders

　いちはやくVS Codeの新機能を試したいときは、Insiders版のVisual Studio Codeインストールしましょう。Insiders版は、開発中のバージョ

図1.4　Visual Studio Codeのアップデート

ンに毎日アップデートするVS Codeです。特に、第9章、第10章で扱う拡張機能の開発では、VS Code APIの最新仕様へ対応するためにInsiders版の利用が推奨されています。

Insiders版は通常版と同時に使用できます。目的に応じて通常版とInsiders版を使い分けましょう。たとえば、本書では原稿の執筆を通常版、プログラムの作成をInsiders版で行っています。これにより、安定した機能やスクリーンショットを通常版で利用しつつ、新しい開発環境をInsiders版で先行体験できます。

細かな違いとして、通常版のVS Codeのアイコンは青色ですが、Insiders版は緑色です。また、先述したVS Codeの起動コマンドは通常版ではcodeですが、Insiders版はcode-insidersです。

Insiders版は、通常のVS Codeとは別の専用ページ[注13]からインストールできます。拡張機能も、開発中のバージョンをインストールできます。アップデート方法は通常版と同様で、図1.4左下の「管理」アイコンに毎日通知が届きます。

注13 https://code.visualstudio.com/insiders/

1.5

Visual Studio Codeの画面構成

本節では、VS Codeの基本的な画面構成を紹介します(**図1.5**)。

アクティビティバー、サイドバー —— よく使う機能の一覧

VS Codeの左端にあるアクティビティバーには、ファイルリストを表示するエクスプローラーなど、多くのアイコンが並んでいます。アクティビティバーの右には、開いているエクスプローラーを表示するサイドバーが表示されています。

アクティビティバーには、インストール時は上から「エクスプローラー」「検索」「ソース管理」「実行とデバッグ」「拡張機能」アイコンの順に並んでいます。また、一番下には、GitHubなどのログイン情報を利用する

図1.5 基本的な画面

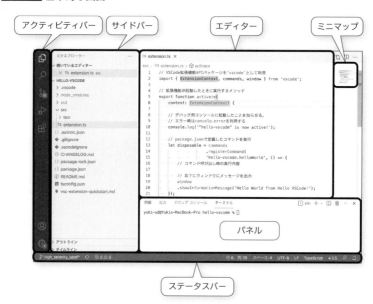

「アカウント」アイコンと、さまざまな設定を管理する「管理」アイコンが
あります。

　アクティビティバーのアイコンは、拡張機能を導入すると増えます。
それらも含め、本書では次のアイコンの機能を解説します。

- **デフォルト上部**
  - エクスプローラー（⤵）
  - 検索（🔍）
  - ソース管理（⑂）
  - 実行とデバッグ（▷）
  - 拡張機能（⊞）
- **本書で解説する拡張機能**
  - テスト（⚗）
  - GitHub（⬤）
- **デフォルト下部**
  - アカウント（⑧）
  - 管理（⚙）

　サイドバーは、アクティビティバーで選択した内容に応じて変化しま
す。たとえば、「エクスプローラー」を選択した場合はファイル構成の一
覧、「検索」を選択した場合は検索ウィンドウが表示されます。

┃ ステータスバー ── ファイルのエラーや情報の表示

　VS Codeの一番下にある青いバーは、ステータスバーです。ステータ
スバーの左側にはGitの状態や発生しているエラー、右側には現在利用
しているファイルの行、列、文字コードなど、重要な情報が集まります。
不具合が起きたときは、まずステータスバーを確認しましょう。

　気になった点をクリックすると、詳細の閲覧や変更を行えます。たと
えば、文字コードを変更したい場合は図1.5右下の「UTF-8」と書いてある
箇所をクリックして変更します。

┃ パネル ── デバッグ情報、エラー、ターミナルの表示

　VS Codeはエディターですが、デバッグ機能やコマンドを実行するタ

ーミナル、エラーや警告情報の表示など、IDE的な機能も有しています。それらの機能を一手に担うのが、中央下部のパネルです。パネルは、⌈Ctrl⌉+⌈`⌉（macOS：⌈control⌉+⌈`⌉）[注14] で表示と非表示を切り替えられます。

▎ミニマップ ── ファイルの全体像の表示

VS Codeの右上にはファイル全体を小さく表示したミニマップが表示されています。ミニマップ上にある灰色の長方形をドラッグすることでファイルをスクロールできます。

1.6

Visual Studio Codeの基本操作

本節では、VS Codeの基本的な操作方法を紹介します。

▎フォルダを開く

メニューの「ファイル」➡「開く」から、開発作業を行うフォルダを選択しましょう。ためしにmy-codeフォルダを作成し、開いてください。初めてファイルを開いたときは「このフォルダー内のファイルの作成者を信頼しますか？」というメッセージが表示されます。自分で作成するプロジェクトなため「はい、作成者を信頼します」を選択しましょう。

このとき、my-codeにあたるVS Code上で開いているフォルダのことを、ワークスペースと言います。

注14 本書では基本的に、WindowsおよびLinux共通のショートカットキーをメインに記載し、macOSのショートカットキーについて括弧内に記載します。

ファイルの作成

　ファイルを作成するには、アクティビティバーの一番上のエクスプローラーから「新しいファイル」アイコン（📄）をクリックし、ファイル名 hello.txt を作成します。または、ショートカットキーの Ctrl + N （macOS： command + N）でファイルを作成できます。ショートカットキーから作成したときに表示される「［言語の選択］、または［別のエディターを開く］を使用して開始します。」メッセージでハイライトされている「言語の選択」をクリックすると、**図1.6**に示す言語リストが表示されます。今回は一番下にある「プレーンテキスト（plaintext）」を選択し、プログラムではないテキストドキュメントとして開きましょう。

ファイルの保存

　作成したファイルは自由に編集できます。編集内容を保存するには、メニューバーの「ファイル」➡「保存」または Ctrl + S（macOS： command + S）を実行します。ファイルが保存されていない状態のときは、ファイルのタブに黒い丸（●）が表示されます。メニューの「ファイル」➡「自動保存」にチェックを入れれば、ファイルが自動的に保存されるようになります。

　保存が終わったら、右上の「×」ボタンもしくは Ctrl + W（macOS： command + W）でファイルを閉じます。

図1.6 ファイルで利用する言語の設定

Untitled-1 — my-code

言語モードの選択

- ≡ toml (toml)
- TS TypeScript (typescript)
- TS TypeScript JSX (typescriptreact)
- ≡ Visual Basic (vb)
- ⟫ XML (xml)
- ≡ XSL (xsl)
- ! YAML (yaml)
- ≡ プレーンテキスト (plaintext) - 構成済みの言語

1.7

お勧めの情報リソース

本節では、困ったときにお勧めのドキュメントやコミュニティを紹介します。

Twitter

VS CodeのTwitterアカウント[注15]（英語）では、毎月のアップデートだけでなく、VS Code関連のイベントの案内や便利な拡張機能の紹介を行っています。最新の機能を見逃さずチェックしましょう。

Visual Studio Codeコミュニティ

日本のVS CodeコミュニティであるVS Code Meetup[注16]では、VS Codeの機能紹介やハンズオンが隔月で開催されています。これまでは、初心者向けのチュートリアルやJavaユーザー向けのオンラインイベントが行われてきました。今後は、拡張機能の開発ハンズオンやデータサイエンス向けの機能紹介などを予定しています。また、2023年にはオンラインとオフラインのハイブリットイベントであるVS Code Conference Japan[注17]を開催しました。

イベントの様子はYouTubeのVS Code Meetupチャンネル[注18]で配信しており、今までのイベントのアーカイブ動画も視聴できます。ぜひconnpassやチャンネルをフォローして参加してください。

注15 https://twitter.com/code
注16 https://vscode.connpass.com/
注17 https://vscodejp.github.io/conference/2022-2023/ja/
注18 https://www.youtube.com/channel/UCFqnW6XfzhJXDZIl8soW-Gw

公式ドキュメント

VS Codeの公式ページ（英語）では、詳しい使い方や最新の機能が紹介されています。公式ドキュメント[注19]には、さまざまな開発環境のセットアップ方法や機能が網羅的にまとまっています。毎月のアップデート情報[注20]はVS Codeをアップデートしたときにも案内されますので、新機能が出たら試してみましょう。

1.8
まとめ

本章では、VS Codeの概要やインストール方法、基本操作を紹介しました。

長い道のりをたどったVS Codeですが、まだまだアップデートは活発です。エディターの歴史は、そのときの技術トレンドを反映します。最新の技術をチェックする意味でも、今後のアップデートやコミュニティの動向にも注目しましょう。

注19 https://code.visualstudio.com/docs
注20 https://code.visualstudio.com/updates

第 2 章

実践的な編集操作

　VS Codeには、ショートカットキーや文字を自動入力するコード補完など、ファイルを編集するために必要な機能が備わっています。

　本章では、実践的な編集機能や便利なショートカットキー、タスク機能などを紹介します。ショートカットキーやタスクを用いて、ファイルの編集やコマンドの実行といった操作をスムーズに行いましょう。

2.1

コマンドやファイルへのアクセス

　VS Codeの中でも重要な機能の代表が、コマンドパレットとクイックオープンです。それぞれコマンドとファイルへすばやくアクセスするために必須の機能です。

コマンドパレット — コマンドの実行

　VS Codeには多くのコマンドが備わっています。たとえば前章で行った日本語化は、「表示言語を構成する」コマンドで英語やほかの言語にも切り替えられます。コマンドパレットは、これらVS Codeに用意されたコマンドを実行する機能です。

　コマンドパレットは、メニューの「表示」➡「コマンドパレット」もしくは左下の「管理」アイコン（⚙）の「コマンドパレット」から開きます（**図2.1**）。ショートカットキーは Ctrl + Shift + P （macOS： command + shift + P ）、または F1 です注1。

　コマンドパレットに実行したいコマンドを入力し、コマンドを実行しましょう。ためしに「表示言語を構成する」と入力すると、コマンド候補が表示されます。 Enter を押して実行すると、再び言語の切り替えが行えます。

注1　特にノートPCの場合、 F1 ～ F12 キーは別の機能が割り振られていることがあります。機能しない場合は fn キーを追加した fn + F1 をお試しください。

図2.1 コマンドパレット

コマンドパレットの検索は日英両方に対応しています。半角入力のときは英語で「Display」「Language」のように検索すると便利でしょう。

コマンドパレットは、後述するショートカットキーの確認にも有用です。コマンドパレットには利用可能なコマンドとともに、ショートカットキーが表示されます。たとえば表示やカーソル移動のショートカットキーを忘れたときは、コマンドパレットに「表示」や「移動」と入力すれば対応するキーが確認できます。

クイックオープン ── ファイルのオープン

クイックオープンはファイルをすばやく開く機能です。**図2.2**では作成したhello.textを検索しています。

クイックオープンは、Ctrl+P（macOS：command+P）で呼び出せます。クイックオープンにファイル名もしくはパスを入力し、Enterキーを押すことで、そのファイルを開きます。多くのファイルを開いていて整理しにくくなったときに便利です。

先述のコマンドパレットを呼び出して行頭の>記号をバックスペースで消すことでもクイックオープンに切り替わります。逆に、クイックオープンの欄で>を足すことでコマンドパレットに移行します。

hello.txt — my-code

エクスプローラー

hello

∨ MY-CODE

☰ hello.txt 最近開いたもの ☐ ×

☰ hello.txt

2.2

検索／置換

検索機能は、現在開いているフォルダ内のファイルを探す機能です。ファイル名で検索するクイックオープンに対して、こちらはファイルの内容で検索します。また、検索したソースコードをまとめて修正したい場合は置換機能を使います。応用として、正規表現を使った検索／置換も利用すると、修正作業が楽になります。

検索

ワークスペース全体を全文検索できる「検索」サイドバーは、アクティビティバーの上から2番目の「検索」アイコン（𝒫）から呼び出せます。**図2.3**の

図2.3 検索画面

「検索」欄に検索したいワードを入力しましょう。ここで紹介するショートカットキーは、「検索」サイドバーを選択した状態で有効です。

　検索を使いこなすオプションとして、「検索」欄右側のボタンがあります。以降で順に説明します。

　「Aa」ボタンを有効にすると、英語の大文字と小文字を区別する Case-sensitive モードが有効になります。Case-sensitive モードを有効にするためのショートカットキーは Alt + C（macOS： command + option + M ）です。このモードを有効にした状態で VSCode を検索したとき、次の結果になります。

- **一致する**
  VSCode、VSCodes
- **一致しない**
  vscode

　「ab」ボタンを有効にすると、単語を抽出する whole word モードが有効になります。ショートカットキーは Alt + W（macOS： command + option + W ）です。たとえば like で検索したとき、I like vscode の like は抽出されますが、He likes vscode の likes は抽出されません。whole word モードが有効な状態で VSCode を検索したとき、次の結果になります。

- **一致する**
  VSCode、vscode
- **一致しない**
  VSCoder

　「.*」ボタンを有効にすると、正規表現を使って検索する regex（*Regular Expression*）モードが有効になります。ショートカットキーは Alt + R（macOS： command + option + R ）です。たとえば任意の文字列を検索する .* を利用すれば、幅広く検索を行えます。regex モードを有効にして正規表現を使って v.*s.*code で検索したとき、次の結果になります。

- **一致する**
  VS Code、vscode、VSCode、Visual Studio Code

- **これも一致する**
  Video has been encoded

表2.1に、よく使う正規表現をまとめました。正規表現は複雑ですが、使いこなすと強力な武器となります。慣れないうちは任意の文字列に一致する.*だけでも使ってみましょう。

置換

置換機能を使えば、検索した単語を変更できます。「検索」欄の下の「置換」欄に置換後のワードを入力します。図2.4では、vscodeをVisual Studio Codeに置換しようとしています。各ファイルの結果候補が表示されますので、次の方法で個別あるいは一括で置換してください。

表2.1 よく利用する正規表現

目的	表現	例	一致する文字列
任意の1文字と一致	.	VS.	VS1、VSC
直前の項目を0回以上繰り返したときに一致	*	A*B*	空白、A、AA、B、AB
直前の項目を1回以上繰り返したときに一致	+	A+B+	AB、AAAB
直前の項目が0または1回現れたら一致	?	A?B?	空白、A、B、AB
括弧内の文字列から1文字に一致	[文字列]	a[abc]	aa、ac
括弧内の文字の範囲から1文字に一致	[文字の範囲]	a[a-e]	ab、ad
括弧内の文字列以外に一致	(?!文字列)	a(?!bc).*	aac、acc
|で区切られた文字列のいずれかに一致	(文字列|文字列)	(VS Code|Visual Studio)	VS Code、Visual Studio
英数字に一致	\w	\w+	a、abc、ABC
空白に一致	\s	a\s*=\s*1	a = 1、a = 1
数字に一致	\d	a=\d+	a=1、a=123

図2.4　置換画面

- **個別に置換**
  結果候補の各行にある「置換」ボタンをクリックする

- **一括で置換**
  「置換」欄横の「すべて置換」ボタンをクリックする。事前に結果候補の各行にある「×」ボタンをクリックすると、その箇所だけ一括置換の対象から除外できる

　置換オプションとして、「置換」欄右側の「AB」ボタンがあります。有効にすると、置換するとき1文字目の大文字／小文字および全文字の大文字／小文字を保持するPreserve-caseモードが有効になります。ショートカットキーは Alt + P （macOS： command + option + P ）です。日本語では使うことが少ない機能ですが、プログラミングでは大文字／小文字が混ざりやすい変数名やクラス名の一斉置換に役立ちます。VSCodeをeditorで置換したとき、次の結果になります。

- **有効な場合**
  vscode ➡ editor
  VSCode ➡ Editor
  VSCODE ➡ EDITOR

- **無効な場合**
  上記3例 ➡ editor

┃ クイック検索／クイック置換

　クイック検索機能はワークスペース全体ではなくファイル内の文章を検索する機能です。ファイルを開いた状態で ⌈Ctrl⌉+⌈F⌉（macOS：⌈command⌉+⌈F⌉）を押すと、**図2.5**のクイック検索がファイル右上に起動するので、ここから検索できます。範囲を選択した状態でクイック検索を実行すると、検索対象を選択範囲のみに限定できます。

　ファイル単位で置換を行うには、クイック置換機能を利用します。⌈Ctrl⌉+⌈H⌉（macOS：⌈command⌉+⌈option⌉+⌈F⌉）から、クイック検索ウィンドウ下にクイック置換ウィンドウを呼び出せます。範囲を選択した状態でクイック置換を実行すると、置換対象を選択範囲のみに限定できます。

2.3

┃ ショートカットキー

　エディターの習熟度としてわかりやすい指標の一つが、ショートカットキーの習得です。マウスを使わずキーボードから手を離さずに操作できると、より開発に集中できます。とはいえ、ショートカットキーをすべて覚えるのは一苦労です。本節では主要なショートカットキーをいくつか紹介します。メモ代わりに興味があるものだけでも覚えてみましょう。

　紹介するショートカットキーはVS Codeの公式ページ[注2]を参照していますが、環境によっては動作しないことがあります。ショートカットキ

注2　https://code.visualstudio.com/docs/getstarted/keybindings#_keyboard-shortcuts-reference

図2.5　**クイック検索**

ーが動作しない場合は、「ヘルプ」➡「キーボードショートカットの参照」
で公式ページを確認しましょう。もしくは Ctrl + K ➡ Ctrl + S （macOS：
command + K ➡ command + S ）で有効なショートカットキーが表示されま
す。また、先述したようにコマンドパレットから関連するショートカッ
トキーを検索できます。

本節で紹介するショートカットキーは次の3種に分けられます。

- VS Codeアプリケーションやウィンドウに関する汎用的なショートカットキー
- 編集や移動に関するショートカットキー
- マルチカーソルに関するショートカットキー

それぞれ段階的に覚えていき、忘れたらもう一度本節を確認しましょう。

汎用メニュー

まずは、**表2.2**にある汎用的なメニューを呼び出す5つのショートカット
キーを覚えましょう。前述したコマンドパレットもあるので、復習が
てら試してみましょう。VS Codeのすべての機能は、これらのいずれか
を起点に利用できます。

編集／移動

次は、編集およびカーソル移動に関するショートカットキーです。
まずは、**図2.6**に示す「取り消し」「切り取り」「コピー」「貼り付け」の4

表2.2 汎用メニュー機能のショートカットキー

内容	Windows または Linux	macOS
コマンドパレットの呼び出し	Ctrl + Shift + P 、または F1	command + shift + P 、または F1
クイックオープンの呼び出し	Ctrl + P	command + P
新しいVS Codeウィンドウを開く	Ctrl + Shift + N	command + shift + N
VS Codeウィンドウを閉じる	Ctrl + Shift + W	command + W
ユーザー設定を開く	Ctrl + ,	command + ,

図2.6 編集用ショートカットキー

つの編集操作を覚えましょう。これらはキーボードの左下に集中してい
るため覚えやすく、VS Code以外でも使えるショートカットキーです。
「切り取り」「コピー」「貼り付け」の3つは、範囲を選択していればその範
囲に、範囲の選択がなければカーソルのある行全体に対して行われます。

　図2.7〜**図2.8**は発展的なショートカットキーのチートシートです。Ted
Naleidさんのブログ[注3]で公開されているVimのショートカットキー壁紙
を参考にしています。

　図の中央部はカーソルの移動方法です。行やページ単位だけでなく、
単語、エラー、編集点単位でも移動できます。編集点は、直前まで編集
していた場所のことです。より発展的な移動として、図の右上に示す絶
対値を使った方法もあります。ファイル名を指定するクイックオープン
に加え、行番号や、シンボル(変数名やクラス名など)も指定できます。

　図の左側はアクティビティバーへのアクセスです。図の下側はパネル
の表示切り替えです。画面を広く使いたいときは、表示と同様のコマン
ドで閉じましょう。

注3　https://www.naleid.com/2010/10/04/vim-movement-shortcuts-wallpaper.html

図2.7 移動用ショートカットキー（Windows）

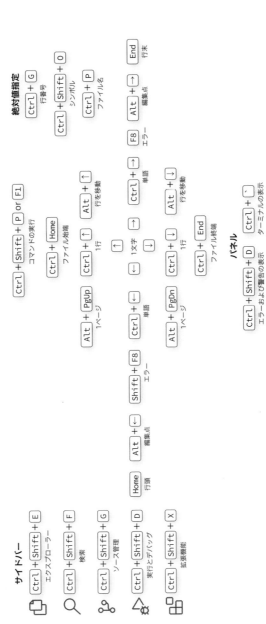

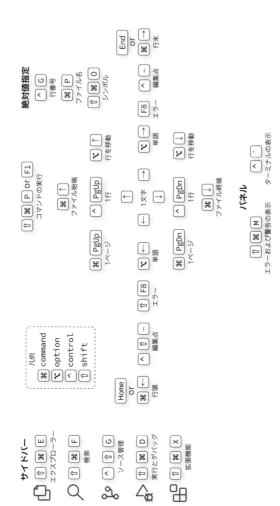

図2.8 ■ 移動用ショートカットキー（Mac）

※スペースの都合で、この図のみ凡例の記号を用いて記載します
※ Home / End / PgUp / PgDn キーがない場合は、 fn + ← / → / ↑ / ↓ キーでそれぞれ入力できます

マルチカーソル ── カーソルや選択範囲の追加

　本項では、複数箇所での編集を同時に行うためにカーソルの数を増やすマルチカーソル機能を紹介します。マルチカーソルは、まとまった編集を同時に行う点で検索／置換機能と目的は似ていますが、検索ウィンドウを経由しない手軽さが利点です。

　図2.9〜**図2.10**は、マルチカーソルと選択範囲に関連したショートカットキーです。図の左側がカーソルの追加方法、図の右側が選択範囲の追加方法です。選択範囲の追加はマルチカーソルでないときにも利用できます。

　マルチカーソル機能にも先述した編集、移動用のショートカットキーは有効です。組み合わせて開発を高速化しましょう。

図2.9 マルチカーソルショートカットキー（Windows）

カーソルの追加

`Alt` ＋クリック
指定位置にカーソルを追加

`Ctrl`＋`Alt`＋`↑`/`↓`
上／下にカーソルを追加

`Ctrl`＋`U`
追加カーソルを1つ削除

選択範囲の追加

`Ctrl`＋`D`
選択範囲と一致する範囲を1つ選択

`Ctrl`＋`Shift`＋`L`
選択範囲と一致する範囲をすべて選択

`Ctrl`＋`L`
行全体を選択

`Shift`＋`Alt`＋`→`/`←`
選択範囲を拡張／縮小

図2.10 マルチカーソルショートカットキー（Mac）

カーソルの追加

`option`＋クリック
指定位置にカーソルを追加

`option`＋`command`＋`↑`/`↓`
上／下にカーソルを追加

`command`＋`U`
追加カーソルを1つ削除

選択範囲の追加

`command`＋`D`
選択範囲と一致する範囲を1つ選択

`command`＋`Shift`＋`L`
選択範囲と一致する範囲をすべて選択

`command`＋`L`
行全体を選択

`control`＋`Shift`＋`→`/`←`
選択範囲を拡張／縮小

2.4

コード補完

　メモ帳などのシンプルなソフトウェアではなく、エディターを使う理由の一つがコード補完機能です。コード補完機能は文字入力中に単語を予測して提示する機能で、高速な入力とタイプミスの防止を実現します。VS Codeのコード補完機能は、MicrosoftがVisual Studioで培ってきたインテリセンス機能とスニペット機能の2つで強化されています。

インテリセンス ── 入力内容の予測

　インテリセンスは、コード補完をはじめとするさまざまなコード編集機能の総称です。インテリセンスのコード補完機能を使えば、文字の入力中に、関連する関数や変数名を推薦してくれます。または、ショートカットキーの Ctrl + space （macOS： control + space ）でも呼び出すこともできます。

　小技として、キャメルケースサポートを利用したテクニックがあります。たとえば「cra」と入力すると、「**cr**eate**A**pplication」に対応させることができます。このテクニックは「create〜〜」や「get〜〜」「set〜〜」などで始まる関数が多いときに便利です。

コードスニペット ── 複数行のコードをまとめて入力

　コードスニペット（以下、スニペット）は、forループや条件式などのよく使うソースコードのパターンをテンプレート化したものです。UI上ではインテリセンス機能に混ざっており、各言語の拡張機能をインストールすることで利用できます。インテリセンスと似ていますが、スニペットは複数行に渡る推薦をサポートしています。

　コードスニペットはインテリセンスと同じく文字の入力中に機能します。たとえば、JavaScriptファイルでforofと入力するだけで、次のコードを自動入力できます。

```
生成されるfor文スニペット
for (const iterator of object) {

}
```

　これは、VS Codeに標準で埋め込まれているJavaScript機能のスニペットです。コード生成後は、Tab キーにカーソルが移動してくれるので、コードを書いていくのが楽になります。forofの例だと、まずiteratorの部分にカーソルが移動し、Tab キーの入力で、object、2行目へとカーソルを自動的に移動してくれます。

■── コードスニペットの自作
　スニペットは自分でも定義できます。
　たとえば、先ほどのスニペットはVS Code内部[注4]で次の形式で定義されています。

```
javascript.code-snippets
{
  "For-Of Loop": {
    "prefix": ["forof"],
    "body": ["for (const ${2:iterator} of ${1:object}) {","\t$0", "}"],
    "description": "For-Of Loop"
  }
}
```

　自作する場合は、「ファイル」➡「設定」➡「ユーザースニペット」（macOS：「Code」➡「基本設定」➡「ユーザースニペット」）から言語を選択してスニペットファイルを作成します。
　ドキュメント作成でもVS Codeのスニペットは有効です。たとえば、本書では文章とソースコードの記述を両立したMarkdownを使って執筆しています。Markdownでコード例をすばやく作成するために、次の自作スニペットを利用しています。

```
.vscode/markdown.code-snippets
{
    "Command": {
```

注4　https://github.com/microsoft/vscode/blob/main/extensions/javascript/snippets/javascript.
　　code-snippets

```
        "prefix": "command",
        "body": [
            "```sh",
            "$ ${1:sudo}",
            "```"
        ],
        "description": "シェルコマンドの追加"
    }
}
```

　VS Codeの標準設定では、Markdownファイルやテキストファイルへの
スニペット機能はオフになっています。「ファイル」➡「設定」➡「設定」
（macOS：「Code」➡「基本設定」➡「設定」）から設定を開き、右上の「設定
（JSON）を開く」ボタンをクリックし、設定ファイルを開きましょう。設
定ファイルを次のとおり編集することで、スニペット機能が有効になり
ます。

settings.json
```
{
 （省略）
"[markdown]": {
        "editor.quickSuggestions": {
            "other": "on",
            "comments": "off",
            "strings": "off"
        }
    },
 （省略）
}
```

　このスニペットを用いると、command と入力するだけで次の内容を記
述できます。

生成されるsudoコマンドスニペット
```
```sh
$ sudo
```
```

■——**外部変数を使ったコードスニペット**

　発展的な内容ですが、VS Codeに実装された外部変数[注5]を利用すると、

注5　https://code.visualstudio.com/docs/editor/userdefinedsnippets#_variables

より柔軟なスニペットを定義できます。外部変数には、ランダムな数字を生成する $RANDOM、ワークスペース名を出力する $WORKSPACE_NAME などがあります。

　たとえば、作成物に対して責任の所在を示すために、自分のソースコードにコメント文で署名する習慣があります。この習慣の由来は、『達人プログラマー』[6]の影響や昔のIDEの機能などにあります。こういった署名も、次のスニペットを使えば自分の名前を入力するだけで作成できます。

```
.vscode/markdown.code-snippets
{
    "signature": {
        "prefix": "signature",
        "body": [
            "$BLOCK_COMMENT_START",
            "$TM_FILENAME",
            "$CURRENT_YEAR/$CURRENT_MONTH/$CURRENT_DATE ${1:My Name}",
            "$BLOCK_COMMENT_END"],
        "description": "コード署名",
    }
}
```

　使用している外部変数は $BLOCK_COMMENT_START と $BLOCK_COMMENT_END、$TM_FILENAME の3つです。$BLOCK_COMMENT_START と $BLOCK_COMMENT_END は、開いているファイルの種類に応じたコメント文を生成する変数です。$TM_FILENAME は、ファイル名を出力します。$CURRENT_XXX は、現在時刻を出力します。

　Markdown ファイル上でこのスニペットを使うと、signature と入力するだけで次の署名を入力できます。

```
外部変数を使って生成されるスニペット
<!--
README.md
2023/01/01 Yuki Ueda
-->
```

注6　Andrew Hunt、David Thomas 著／村上雅章訳『達人プログラマー 第2版 —— 熟達に向けたあなたの旅』オーム社、2020年

2.5

タスク管理 —— 外部ツールを使ったコマンドの登録

コンパイルやビルド、テストなどの何度も繰り返し使うコマンドは、「タスク」として設定すると便利です。たいていの場合、コンパイルなどは拡張機能でサポートされているため、コマンドパレットから呼び出せます。ただ、新しいツールやオプションの編集など少しレールから外れたことを行いたい場合はタスクの出番です。タスクはワークスペースごとにタスクファイルとして設定できます。

タスクの生成

ためしに、開いているワークスペースにタスクを追加してみましょう。メニューバーの「ターミナル」➡「タスクの構成」またはコマンドパレットから「タスク：タスクの構成」で「タスクの生成」メニューが表示されます。「テンプレートからtasks.jsonを生成」➡「Others(任意の外部コマンドを実行する例)」を実行すると、次の「Hello」を出力するタスクが生成されます。

```
.vscode/tasks.json
{
    "version": "2.0.0",
    "tasks": [
        {
            "label": "echo",
            "type": "shell",
            "command": "echo Hello"
        }
    ]
}
```

今回はほかのファイルと関連しない独立したタスクを生成しましたが、「Others」以外のテンプレートを使ったタスクも生成できます。VS Codeは、「タスクの構成」コマンド実行時に開いているファイル名から推定して、適切なテンプレートを推薦してくれます。

より実践な例として、次のtasks.jsonは、第6章で利用するタスクです。このタスクはReactプロジェクトをビルドします。タスク生成機能

を使うことで、新しい言語やフレームワークを触る場合も手軽にコンパイルの準備が整います。

```json
.vscode/tasks.json
{
  "version": "2.0.0",
  "tasks": [
    {
      "type": "npm",
      "script": "start",
      "problemMatcher": [],
      "label": "npm: start",
      "detail": "react-scripts start"
    }
  ]
}
```

タスクの実行

　タスクの実行は、コマンドパレットから「タスク：タスクの実行」、あるいは Ctrl + Shift + B（macOS： command + shift + B）で行えます。「タスク：タスクの実行」を呼び出すとタスクリストが表示されます。タスクリストから「echo」を選択すると、先ほどの「Hello」を出力するタスクを実行できます。

2.6
まとめ

　本章では、VS Code を実践的に使ううえで必要な検索や置換機能、ショートカットキーやコード補完機能を紹介しました。

　ショートカットキーを一度に覚えるのは難しいですが、使いこなすとエディター上での操作が格段に早くなります。操作に慣れたら、スニペットやタスクを自分の手に馴染む形へカスタマイズしましょう。作ったスニペットやタスクはファイルとして保存されるため、ほかの人とも共有できます。

第 **3** 章

UIや設定のカスタマイズ

　VS Codeの特徴として、高いカスタマイズ性があります。自分に合わせてUIをカスタマイズすることで、VS Codeをより使いやすいエディターにできます。

　本章では、VS CodeのUIやテーマ、設定のカスタマイズ方法を紹介します。前章では、開発者が効率良くVS Codeを利用する方法を紹介しました。本章では逆に、開発者に合わせてVS Codeを最適化します。ほかのエディターを利用している人や、見た目にこだわりがある人は、本章をもとにVS Codeを自分専用エディターにしましょう。

3.1

Visual Studio CodeのUIのカスタマイズ

　まずはUIをカスタマイズします。今のUIに違和感がある場合や、ほかのエディターと同じレイアウトにしたいときは、UIを使いやすく変えましょう。

アクティビティバー、サイドバー

　画面左端には、エクスプローラーなどを選択するアクティビティバーと、選択したエクスプローラーなどが表示されるサイドバーが表示されています。この2つは、配置を右端に移動できます。サイドバー上で右クリック、もしくはメニューから「表示」➡「外観」➡「プライマリサイドバーを右に移動する」で変更できます。

　また、アクティビティバーのアイコンは、ドラッグで順番を並び替えられます。このほか右クリックで表示されるリストから「✓」を外せば、使わないアイコンを非表示にすることもできます。次章以降で紹介する拡張機能をインストールすると、アイコンが増えがちです。よく使う機能にアクセスしやすいよう、使いやすい配置を見つけてください。

　アクティビティバーは、右クリックから「アクティビティバーを非表示にする」で非表示にできます。ただし、一度非表示にすると同じ右クリッ

クからは再表示できません。再表示するには、「表示」➡「外観」➡「アクティビティバー」を選択しましょう。サイドバーの表示／非表示の切り替えは Ctrl + B (macOS： command + B)で行います。画面を広く見たいときなどに活用しましょう。

ステータスバー

細かな情報を管理するステータスバーも、拡張機能の追加によって煩雑になりがちです。ステータスバー上で右クリックから、ステータスバーに表示する情報を選択できます。

ステータスバーは、前項のアクティビティバーと同様に右クリックから「ステータスバーを非表示にする」で非表示にできます。再表示する方法も同様で、「表示」➡「外観」➡「ステータスバー」で行います。

パネル

ターミナルやエラー情報を管理するパネルは、ターミナルの複数起動や拡大表示など、切り替えが必要となりやすい機能です。

大きなパネルは、長めのファイルやコマンドの実行結果を見るときに有用です。ほかのUIと同様、パネル上部のふちをドラッグすることで自由に大きさを変更できます。**図3.1**では、ターミナルのサイズを拡大してls コマンドによるファイル名出力を表示しています。第6章〜第10章で取り扱うプロジェクト生成時には出力が長くなりがちです。パネル全体で出力全体を確認したいときにパネルサイズの拡大は有効です。

また、パネルもエディターの左右に移動できます。移動は右クリック➡「パネルの位置」➡「右／左／下揃え」、もしくは「表示」➡「外観」➡「パネルの位置」➡「右／左／下揃え」から行えます。たとえば**図3.2**では、ターミナルを右に移動しています。

サイズの拡大ではなく、複数のターミナルを起動することもあります。複数起動はターミナル右上の「ターミナルの分割」アイコン（∏）から行います。ショートカットキーは Ctrl + Shift + 5 (macOS： command + \ )です。

パネルの表示／非表示の切り替えは Ctrl + J (macOS： command + J)で

行います。ファイルを広く表示できるため、非表示機能は集中するとき
に有用です。

図3.1　**パネルを最大化しエディター上で表示**

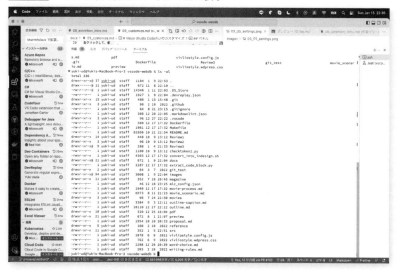

図3.2　**パネルをエディターの右へ移動**

ミニマップ

　エラー箇所や検索文字の分布が確認できるミニマップですが、画面スペースを圧迫することもあります。ミニマップを非表示にする場合、ミニマップ上で右クリック➡「ミニマップ」のチェックを外してください。もしくはメニューから「表示」➡「ミニマップを表示する」でチェックを付け外しすることでも表示を切り替えられます。

タイトルバー

　図3.3に示すエディター上部のタイトルバーを右クリックすると、コマンドセンターとレイアウトコントロールの表示を切り替えることができます。

　コマンドセンターは、第2章で紹介したクイックオープンを呼び出すUIです。ショートカットキーに慣れないうちは、表示しておくと便利です。

　タイトルバーの右端に表示されるレイアウトコントロールは、先述したサイドバーやパネルの表示、配置を変更できます。Windowsを利用している場合は、これに加えてメニューバーの表示／非表示の切り替えもできます。

　メニューには、全画面表示やエディター以外のUIを非表示にする禅モードなど、画面をさらに広く使うコマンドもあります。ほかのUIにややアクセスしにくくなるため、慣れたら使ってみましょう。

図3.3　コマンドセンターとレイアウトコントロールの表示

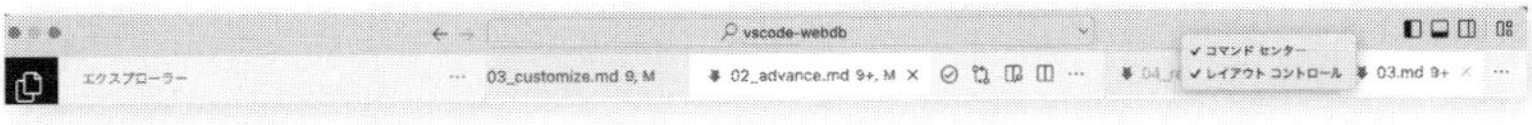

3.2

テーマのカスタマイズ

VS Codeの見た目をわかりやすく変えるのがテーマです。配色テーマ
やファイルアイコンテーマを変更すると、VS Codeの見た目を好みに合
わせて変更できます。

配色テーマ

配色テーマは、VS Code全体の色合いを変更します。配色テーマは大
きく分けて、明るめのライトテーマ、暗めのダークテーマ、文字と背景
をくっきりさせたハイコントラストテーマの3種があります。

デフォルトでは、ダークモダンが採用されています。ほかの標準テー
マとしては、ダークモダンのライトテーマ版であるライトモダンや、目
に優しいSolarized LightおよびSolarized Darkなどがあります。Solarized
シリーズは、コントラストを下げつつも判別しやすいことを目標にデザ
インされており、Lightは黄色、Darkは緑色をベースにしています。こ
のほか、既存のエディターで利用されてきたMonokaiやMonokai
Dimmend、Tomorrow Night Blueも利用できます。また、ダークモダン、
ライトモダンと入れ替わったライト＋やダーク＋など旧版の標準テーマ
も利用できます。

配色テーマの変更は、**図3.4**に示すアクティビティバー下の「管理」ア
イコン（⚙）の「配色テーマ」から行えます。ショートカットキーは
Ctrl + K ➡ Ctrl + T（macOS：command + K ➡ command + T）です。

標準テーマに好きなものがない場合、Marketplaceから新しい配色テー
マをインストールできます。配色テーマの選択画面で「その他の色のテー
マを参照...」を選ぶと、**図3.5**に示すリストからMarketplaceに公開され
た配色テーマを試用できます。気に入ったものをそのまま選択すれば、
インストールと同時にテーマが適用されます。以降では、Marketplaceで
人気の配色テーマを紹介します。

図3.4　配色テーマの設定

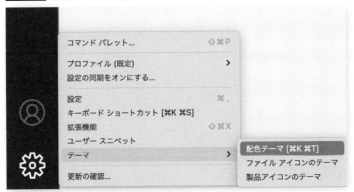

図3.5　配色テーマの検索結果

■—— **GitHub Theme** —— GitHub公式の人気No.1テーマ

　GitHub Theme[注1]は、第5章で紹介するWebサービスのGitHubが採用し
ているものと同じ配色テーマです。2020年と比較的最近リリースされた
にもかかわらず最も人気のあるテーマで、執筆時点で845万インストー
ルされています。本家GitHubと同様にライトテーマとダークテーマ両方
が利用できます。GitHubの雰囲気が好きな人にお勧めのテーマです。

注1　https://marketplace.visualstudio.com/items?itemName=GitHub.github-vscode-theme

■—— **One Dark Pro** —— Atomデフォルトのテーマ

One Dark Pro[注2] は、Atom エディターで採用されていたテーマです。GitHub Theme に次ぐ人気を誇るテーマで、執筆時点でのインストール数は716万です。Atom の開発終了に伴い VS Code へ移行した人が多いことも人気の理由の一つです。採用歴の長いテーマだけあり、見やすい色配分です。濃淡や色味を調整した複数バリエーションが同梱（どうこん）されています。

■—— **Dracula Official** —— 紫色の派手なテーマ

Dracula Official[注3] は、GitHub Theme、One Dark Pro に次ぐ人気のテーマです。紫やピンクをベースに細かく色付けを行ってくれるため、派手さを求める人向けです。テーマ作成者にとっても人気で、Marketplace で「Dracula」と検索すると、多くの派生テーマが見つかります。

なお、JetBrains 製 IDE の標準テーマにも同名のものが存在しますが、そちらは別のテーマ「Dracula IntelliJ Theme」として公開されています。

■—— **Monokai Pro** —— Sublime Text由来の黒と黄色のシンプルなテーマ

Monokai Pro[注4] は、Sublime Text エディターの標準テーマである Monokai の作者、Wimer Hazenberg さんが作成したテーマです。VS Code の標準テーマである Monokai ですが、Monokai Pro は次世代の Monokai として開発されました。ポイントは、配色テーマとファイルアイコンテーマがセットになっていることです。ファイルアイコンテーマも併用すれば、エディター全体に統一感が生まれます。

ファイルアイコンテーマ

ファイルアイコンテーマは、エクスプローラーに表示されるアイコンを変更します。デフォルトでは、Seti[注5] が採用されています。これは、Atom で

注2　https://marketplace.visualstudio.com/items?itemName=zhuangtongfa.Material-theme

注3　https://marketplace.visualstudio.com/items?itemName=dracula-theme.theme-dracula

注4　https://marketplace.visualstudio.com/items?itemName=monokai.theme-monokai-pro-vscode

注5　https://github.com/jesseweed/seti-ui

採用されていた人気テーマです。ほかの標準テーマには、アイコン表示をなくした「なし」や、ファイルとフォルダの区別だけを行う「最小」が選べます。

テーマの変更は、配色テーマと同様に、アクティビティバー下の「管理」アイコンから「ファイルアイコンのテーマ」を選ぶことで行えます。

標準テーマに好きなものがない場合、配色テーマと同様にMarketplaceからインストールできます。特に、Material Icon Theme[注6]は執筆時点で1,700万インストールされている超人気のアイコンテーマです。

3.3

設定の編集

細かな設定を変更することで、開発が便利になります。アクティビティバーの一番下にある「管理」アイコンをクリックし、「設定」から変更できます。

図3.6の設定画面上部にある「よく使用するもの」には、第1章で紹介した自動保存機能のオン／オフに加え、フォントサイズの調整やタブのスペース数の設定などが行えます。変わったものだと、カーソルの形状を、デフォルトの縦線ではなく、ブロック状や下線に変更できます。

注6　https://marketplace.visualstudio.com/items?itemName=PKief.material-icon-theme

図3.6　設定編集画面

設定ファイル

　変更した設定は、VS Code内部の設定ファイルsettings.jsonに書き込まれます。設定はユーザー設定として保存され、すべてのワークスペースに適用されます。settings.jsonは、図3.6右上の丸で囲った「設定（JSON）を開く」ボタン（📄）をクリックすることで編集できます。

　ユーザー設定は、設定画面や設定ファイルの編集だけでなく、配色テーマの編集などエディター上の操作によっても反映されます。たとえば、配色テーマにライトモダン、ファイルアイコンテーマに「最小」を選んだ場合、settings.jsonは次の内容になります。

```
settings.json
（省略）
"workbench.colorTheme": "Default Light Modern",
"workbench.iconTheme": "vs-minimal"
（省略）
```

　ワークスペースごとに設定を保存するには、ワークスペースに.vscodeフォルダを作成し、その中に設定ファイル.vscode/settings.jsonを作成し、設定を編集します。このファイルが作成されているワークスペースでは、ユーザー設定よりも優先されます。

日本語環境用設定

　ここでは、日本語環境で便利な設定を紹介します。

■── 日本語用等幅フォント

　日本語で作業をする場合、日本語用の等幅フォントを設定するとコメントが読みやすくなります。

　お勧めのフォントはSource Han Code JP と Noto Sans Mono CJK JP です。それぞれ全角2文字が半角3文字分、全角1文字が半角2文字分に統一されます。**図3.7**〜**図3.9**は、順にmacOS標準のフォント（Menlo とヒラギノ明朝 ProN W6）、Source Han Code JP、Noto Sans Mono CJK JP です。些細な違いですが、等幅フォントではない図3.7に比べ、図3.8〜図3.9の等幅フォントを使うことで、全角スペースの混入やフォーマットの

崩れを見つけやすくなります。

　Source Han Code JP および Noto Sans Mono CJK JP を利用する場合は、それぞれインストールが必要です。Source Han Code JP の GitHub リリースページ[注7]、Noto Sans Mono CJK JP の GitHub リリースページ[注8] それぞれから、Assets に含まれるフォントファイルをダウンロードします。Sourc Han Code JP の場合は「SourceHanCodeJP.ttc」、Noto Sans Mono CJK JP の場合は「Language Specific Monospace OTFs Japanese（日本語）」です。ダウンロードしたファイルのうち、拡張子が .ttc もしくは、.otf となっているファイルがフォントファイルです。Windows の場合は、フォントファイルを右クリック➡「インストール」でフォントがインストールされます。macOS の場合は、フォントファイルをダブルクリックすると Font Book アプリケーションが起動するので、「インストール」ボタンをクリックすればインストール完了です。

　VS Code で使用するフォントの設定は、図3.6の上から3番目の「Font Family」欄で行います。フォント名にスペースが入る場合はシングルクオート（'）で囲んでください。図3.6のようにカンマ区切りで記述すると、先頭のフォントから順に優先して適用されます。

注7　https://github.com/adobe-fonts/source-han-code-jp/releases
注8　https://github.com/googlefonts/noto-cjk/releases

図3.7　**macOS標準の組み合わせ（Menlo とヒラギノ明朝 ProN W6）**

おすすめのフォントは「Source Han Code JP」と「Noto Sans CJK Mono」です。
それぞれ全角2文字が半角3文字分、もしくは全角1文字が半角2文字分に統一されます。

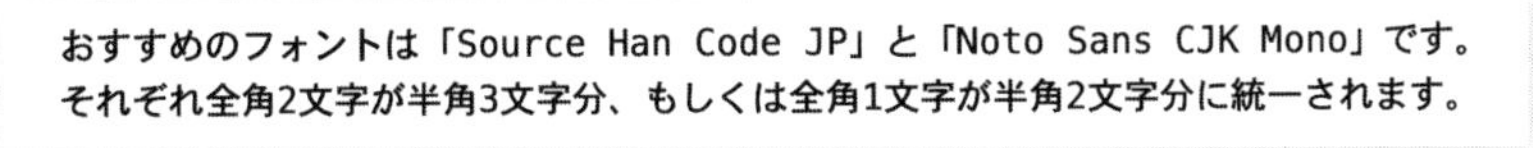

図3.8　**Source Han Code JP（全角：半角が3：2）**

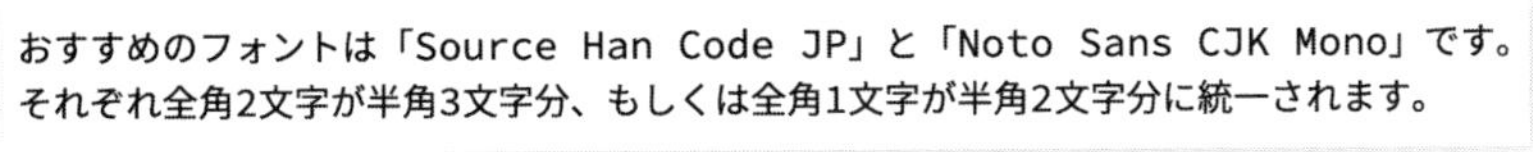

おすすめのフォントは「Source Han Code JP」と「Noto Sans CJK Mono」です。
それぞれ全角2文字が半角3文字分、もしくは全角1文字が半角2文字分に統一されます。

図3.9　**Noto Sans Mono CJK JP（全角：半角が2：1）**

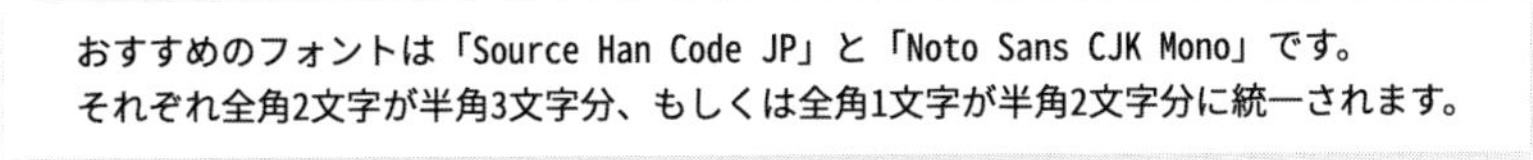

おすすめのフォントは「Source Han Code JP」と「Noto Sans CJK Mono」です。
それぞれ全角2文字が半角3文字分、もしくは全角1文字が半角2文字分に統一されます。

■── 句読点や全角スペースごとのカーソルジャンプ

SF作家の藤井太洋さんによるテクニック[注9]を紹介します。

VS Codeでは、第2章のショートカットキーで紹介したように Ctrl + ← ／ → (macOS： option + ← ／ →)で単語や半角スペース、カンマごとにカーソルを移動できます。この機能により、英語を書く場合は句読点や単語ごとにカーソルをジャンプできます。ただ、標準では日本語の句読点（。や、）や全角スペース、単語はカーソル移動の区切りとは認識しません。

次の設定を settings.json に加えると、日本語の句読点や全角スペースも区切りとして移動できるようになります。

```settings.json
（省略）
"editor.wordSeparators":"`~!@#$%^&*()-=+[{]}\\|;:'\",.<>/?、。　"
（省略）
```

※「。」の後ろの空白は全角スペースです

日本語の単語を区切りにカーソルをジャンプさせるには拡張機能が必要ですので、次章で解説します。また、藤井太洋さんによる縦書き用の拡張機能についても次章で紹介します。

3.4

まとめ

本章では、VS Codeのカスタマイズ方法を紹介しました。

多くの機能を導入したい人から、シンプルなままのエディターを使いたい人まで、開発者の好みは多岐に渡ります。長時間見るエディターだからこそ、自分の好みに見た目を設定することで快適に開発を進められます。VS Codeの豊富なカスタマイズ機能を使って、自分にとって最適化されたエディターを使いこなしましょう。

注9　https://twitter.com/t_trace/status/1381269001125339137

第 4 章

お勧めの拡張機能

　Marketplaceにある拡張機能の数は膨大で、最初はどれをインストールすべきか迷いがちです。

　本章では、特に人気のある拡張機能を紹介します。また、利用している言語やフレームワークに合った拡張機能も紹介します。お気に入りの拡張機能を見つける参考にしてください。

4.1
拡張機能のインストール方法

　拡張機能は、第1章の日本語化のときと同様に、次の手順でインストールします。

❶アクティビティバーから「拡張機能」アイコンを選択する

❷サイドバーの「Marketplaceで拡張機能を検索する」欄に使いたい拡張機能名を入力する

❸サイドバー中の項目に拡張機能のリストが出てくるので選択する

❹「インストール」ボタンを押下する

4.2
言語機能の強化

　VS Codeの標準機能でサポートしているプログラミング言語は、第6章で紹介するJavaScript、TypeScriptに加え、HTML、CSS、JSONとMarkdownです。そのほかの言語やフレームワークには、拡張機能を使うことで対応できます。本節では、それぞれの言語をうまく扱うための拡張機能を紹介します。

IntelliCode —— AIを使ったコード補完

　第2章で紹介したVS Code標準のコード補完であるインテリセンスを
より賢くしたものが、IntelliCode[注1]です。IntelliCode は Microsoft が提供
する拡張機能で、何千件ものGitHub上のオープンソースを学習データと
して利用し、コード補完やソースコードの修正提案を行います。たとえ
ば**図4.1**では、特に有力なコード補完候補に★記号を付与して推薦して
います。後述する各言語向けの拡張とも共存するため、入れておいて損
はありません。

GitHub Copilot —— 最新のコード補完

　GitHubが提供するGitHub Copilot[注2]は、2021年10月に登場したコード
補完機能です。GitHub Copilotは、OpenAIが開発した自然言語処理を用
いたAI技術「GPT-3」を利用してコード補完を行います。書きかけのコー
ドやコメント文から、1行単位、関数単位での補完を行います。

　図4.2では、関数名quick_sortからクイックソートを実装するコード
を実装しています。日本語のコメントからもコードを生成してくれるた
め、慣れないライブラリやフレームワークを利用するときに便利です。

　ただし、Copilotは有料サービスで、1年間の利用料は100ドルです。ま
た、インストールにはGitHubアカウントとCopilot公式ページ[注3]での登
録が必要です。

注1　https://marketplace.visualstudio.com/items?itemName=VisualStudioExptTeam.vscodeintellicode
注2　https://marketplace.visualstudio.com/items?itemName=GitHub.copilot
注3　https://github.com/features/copilot

図4.1　IntelliCodeによるコード補完。有力候補に★マークが付く

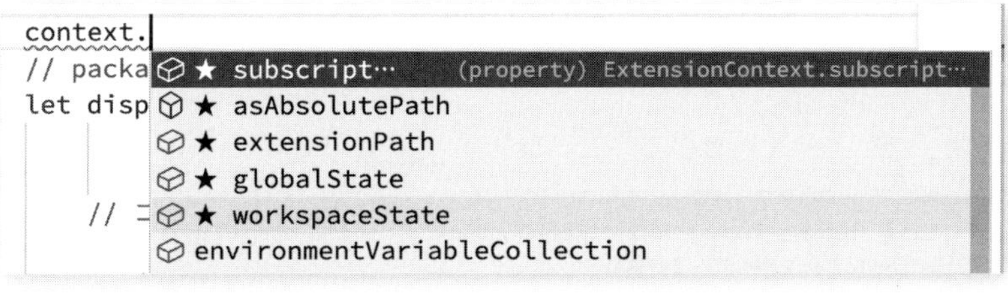

```
context.|
// packa  ⊗ ★ subscript…      (property) ExtensionContext.subscript…
let disp  ⊗ ★ asAbsolutePath
          ⊗ ★ extensionPath
          ⊗ ★ globalState
    // ⊐  ⊗ ★ workspaceState
          ⊘ environmentVariableCollection
```

図4.2 ■ Copilotによる補完。補完する文字列を灰色で表示する

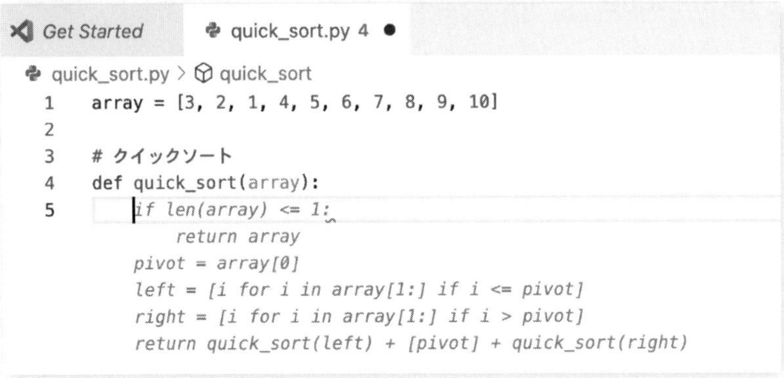

```
Get Started          quick_sort.py 4 ●

 quick_sort.py >  quick_sort
 1    array = [3, 2, 1, 4, 5, 6, 7, 8, 9, 10]
 2
 3    # クイックソート
 4    def quick_sort(array):
 5        if len(array) <= 1:
              return array
          pivot = array[0]
          left = [i for i in array[1:] if i <= pivot]
          right = [i for i in array[1:] if i > pivot]
          return quick_sort(left) + [pivot] + quick_sort(right)
```

　執筆時点では利用できませんが、2023年3月にはGitHub Copilot X[注4]も発表されました。利用しているモデルが「GPT-4」になり、バグの修正提案や次章で紹介するPull Requestの作成サポートを行うと発表されています。

各言語向けの拡張

　拡張機能をインストールするメリットは、1つのエディターで複数の言語の開発環境を構築できる点です。拡張機能を利用することで、IDEにも負けない補完やテスト環境を構築できます。**表4.1**に、Stack Overflowの2022年人気ランキング[注5]上位の言語の拡張機能を紹介します。

　JavaScript/TypeScript、Java、Pythonについて詳しくは、第6章～第8章を参照してください。

注4　https://github.com/features/preview/copilot-x
注5　https://survey.stackoverflow.co/2022/#section-most-popular-technologies-programming-scripting-and-markup-languages

表4.1　各言語で利用可能な拡張機能

言語	拡張機能
JavaScript/TypeScript	標準機能、ESLint
HTML/CSS	標準機能、Prettier
Python	Python、Jupyter
Java	Language Support for Java、SonarLint
C#	C#
Bash/Shell/PowerShell	Bash IDE、ShellCheck、PowerShell
C/C++	C/C++
PHP	PHP Intelephense、PHP Debug
Go	Go
Kotlin	Kotlin
Rust	rust-analyzer
Ruby	Ruby
Dart	Dart
アセンブリ	Arm Assembly
Swift	Swift
R	R
VBA	VBA

各Webフレームワーク向けの拡張

　Webアプリケーションを開発するためのフレームワークは多岐に渡り、利用する技術も複雑になっています。VS Codeは多くのWebフレームワークに対応しています。**表4.2**に、Stack Overflowの2022年人気ランキング[注6]上位のWebフレームワークの拡張機能を紹介します。

注6　https://survey.stackoverflow.co/2022/#most-popular-technologies-webframe

表4.2 ■ 各Webフレームワークで利用可能な拡張機能

Webフレームワーク	拡張機能
React.js	ES7+ React/Redux/React-Native snippets
jQuery	jQuery Code Snippets
Express	Express
Angular	Angular Language Service
Vue.js	Vue 3 Snippets
ASP.NET Core/ASP.NET	C#
Django	Django
Flask	flask-snippets
Next.js	Next.js snippets

4.3

執筆環境

　VS Codeの標準機能では、Microsoft Wordの文章チェックほど文字入力へ特化したサポートはありません。それでも拡張機能を使えば、`README.md`の作成やブログ執筆など、VS Codeをコーディング以外にも利用できます。ここでは、本書でも利用している執筆に役立つ拡張機能を紹介します。

vscode-textlint、テキスト校正くん —— 細かな文法チェック

　vscode-textlint[注7]は英語、テキスト校正くん[注8]は日本語の校正を行います。本書では主に、技術用語のスペルミスや、ら抜き言葉を指摘してもらっています。

注7　https://marketplace.visualstudio.com/items?itemName=taichi.vscode-textlint
注8　https://marketplace.visualstudio.com/items?itemName=ICS.japanese-proofreading

novel-writer ── 縦書きや鉤括弧のハイライト

novel-writer[9]は、前章で紹介したSF作家の藤井太洋さんが開発した拡張機能です。こちらは本書では利用していませんが、次に示す小説の執筆に特化した多くの機能が提供されているため紹介します。

- 縦書きプレビュー（図4.3）
- 鉤括弧（「」）やルビ、数字単位でのハイライト
- フォルダ単位での文字数カウントと、目標文字数の設定

開発の経緯や執筆テクニックについては、作者の藤井さんが2021年のVS Code JPカンファレンスでプレゼン[10]しています。

なお、文字数をステータスバーに表示するCharacterCount[11]などと組み合わせて使うこともできます。

注9　https://marketplace.visualstudio.com/items?itemName=TaiyoFujii.novel-writer
注10　https://www.youtube.com/watch?v=AAVTnEa4vEs
注11　https://marketplace.visualstudio.com/items?itemName=stevensona.character-count

図4.3 novel-writerによる縦書き表示

Japanese Word Handler —— 日本語向けのカーソル移動

　第2章で紹介した単語や空白ごとのカーソル移動は、日本語の句読点や全角スペースには対応していません。これらの機能はJapanese Word Handler[注12]をインストールすることで利用できます。インストール後は `Ctrl`+`←`/`→`（macOS：`option`+`←`/`→`）で単語ごとにカーソルを移動できます。

markdownlint —— Markdownファイルを読みやすく

　`README.md`に代表されるMarkdownファイルの作成で活躍する拡張機能がmarkdownlint[注13]です。本書の原稿では、見出し名の重複や不要な空白など、フォーマットが崩れやすい部分を指摘、修正してくれています。

4.4
カスタマイズと拡張機能の注意点

　前章ではカスタマイズ、本章では多くの拡張機能を紹介しましたが、あえて標準機能のまま使うこともできます。標準機能を使い続けることには、次のメリットがあります。

- スクリーンショットを共有したときに理解してもらいやすい
- 重要なアイコンやUIを見逃しにくい
- 既存のショートカットキーがカスタマイズや拡張機能と干渉しない
- 拡張機能によるCPUやメモリの使用量増加、セキュリティリスク[注14]の回避
- 拡張機能ごとの通知が減る

　逆に、多くのカスタマイズや拡張機能を利用している場合は上記に気を付けましょう。

注12　https://marketplace.visualstudio.com/items?itemName=sgryjp.japanese-word-handler
注13　https://marketplace.visualstudio.com/items?itemName=DavidAnson.vscode-markdownlint
注14　https://snyk.io/blog/visual-studio-code-extension-security-vulnerabilities-deep-dive/

4.5

まとめ

　本章では、多くの拡張機能の中から、お勧めのものを紹介しました。

　本書では紹介しきれなかった拡張機能も、魅力的なものが満載です。Marketplaceから探してお気に入りの拡張機能を見つけてください。より開発に近い拡張機能は、次章以降で紹介します。

## 第 5 章

Git/GitHubによる
バージョン管理

作成したソースコードファイルの変更を追跡および管理するために、バージョン管理機能の活用は不可欠です。

　本章では、バージョン管理システムであるGit[注1]を使ってソースコードを記録する方法を紹介します。また、開発プラットフォームのGitHub[注2]とVS Codeを連携させる方法についても解説します。

Hello Git

　VS Codeは標準機能でGitの利用をサポートしています。Gitは、ソースコードの変更を管理するツールです。GitHubは、Gitでファイル管理したソフトウェアをオンライン上に保存するサービスです。

　本書では、手もとにあるPC環境をローカル環境、GitHub上にあるリポジトリをリモート環境とします。まず本節では、ローカル環境でのGitの使い方を紹介します。

Gitのインストール

　最初に、Gitをインストールしましょう。Gitのページ[注3]からダウンロードしてインストールします。macOSユーザーの場合は、Xcode[注4]をインストールすることでもGitのインストールが完了します。

　VS CodeがサポートするGitのバージョンは2.0.0以上です。インストールしたGitのバージョンは次のコマンドで確認できます。本書ではバージョン2.37.1を利用します。

```
$ git --version
git version 2.37.1 (Apple Git-137.1)
```

注1　https://git-scm.com/
注2　https://github.com/
注3　https://git-scm.com/download
注4　https://developer.apple.com/xcode/

次に、Gitにユーザー名とメールアドレスを登録します。あとから同じコマンドを実行することで再設定もできます。

```
$ git config --global user.name "Yuki Ueda"
$ git config --global user.email xxxxxx@gmail.com
```

リポジトリの初期化 —— Gitでの管理を始める

README.mdを管理するシンプルなリポジトリを作成し、Gitを体験します。リポジトリとは、ファイルの変更を記録する場所のことです。

まずは、空のフォルダを作成し、VS Codeで開きます。Gitを操作するためのサイドバーは、アクティビティバーの上から3番目の「ソース管理」アイコン（ 𝄡 ）、もしくは Ctrl + Shift + G ➡ G （macOS： shift + control + G ）から呼び出せます（**図5.1**）。このときサイドバーに表示されているウィンドウを「ソース管理」と呼びます。

ソース管理から「リポジトリを初期化する」（git init）[注5]をクリックすると、Gitでリポジトリを管理できます。VS CodeのUIからは確認でき

注5 　括弧内はGitコマンドです（以下同）。Gitコマンドを使って操作する場合は、 Ctrl + `  （macOS： control + ` ）で呼び出したターミナルからコマンドを実行できます。

図5.1　「ソース管理」サイドバーでのリポジトリの初期化

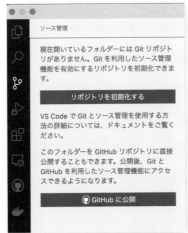

ませんが、.gitフォルダが作成されています。次のコマンドから、.git
の存在を確認できます。

```
$ ls -a
```

　このフォルダがリポジトリです。.gitフォルダを削除すると変更履歴
も削除されます。

コミット —— 変更の保存

　続いて、「コミット」(git commit)を使ってファイルの変更履歴を記録
していきましょう。
　まず、次のREADME.mdファイルを作成し、今日の日付を追加します。

```
README.md
# Title
# 2023/01/01
```

　ファイルを作成後、**図5.2**のテキストボックスにコミットメッセージ
を入力して、その上にあるチェックマーク状の「コミット」ボタンをクリ
ック、もしくは Ctrl + Enter (macOS： command + Enter)でコミットを行
います。通常、Gitでコミットを行うにはコミットする対象を指定する
「ステージ」(git add)が必要です。VS Codeでは確認のウィンドウを表示
後、ステージからコミットまでの一連の処理を行ってくれます。

図5.2　**コミットメッセージの入力**

コミットの取り消し

誤った変更をコミットしても大丈夫です。**図5.3**のサイドバー右上の「…」➡「コミット」➡「前回のコミットを元に戻す」(git reset --soft HEAD~)で、コミットを取り消して変更前の状態に戻せます。

ブランチの操作 —— 作業内容を分岐させる

ブランチは、変更履歴を枝分かれさせて記録するための機能です。分岐したブランチは、ほかのブランチの影響を受けません。また、あとから「マージ」(git merge)によって分岐したブランチをまとめなおすこともできます。ここでは、ブランチの操作について解説します。

■── ブランチの作成と切り替え

標準では、エディター左下の**図5.4**のステータスバーにブランチ名masterまたはmainと表示されています注6。このブランチ名をクリックすると、エディター上部に「新しいブランチの作成」や「新しいブランチの作

....

注6　Gitの標準ブランチ名はmasterですが、2021年からGitHubの標準ブランチ名はmainに変更されました。https://github.blog/changelog/2020-10-01-the-default-branch-for-newly-created-repositories-is-now-main/

図5.3 ■ 前回のコミットを元に戻す

図5.4　ステータスバー上のブランチ情報

成元」が表示されます。「新しいブランチの作成」を選び、分岐後のブラン
チ名を入力します。今回はnewbranchブランチを作成しましょう。master
ブランチからnewbranchブランチが作成され、newbranchブランチも切り
替わります。このブランチの切り替えを「チェックアウト」(git branch)
と言います。コマンドパレット(F1 キー)から「Git：ブランチの作成」の
実行でも、ブランチの作成およびチェックアウトができます。

　ここで、README.mdを次の内容へ編集してコミットしてください。

README.md
```
# Title
# 2023/02/02
```

　そして、再びmasterブランチをチェックアウトしましょう。チェック
アウトするには再びブランチ名をクリックし、masterを選択します。す
ると、newbranchブランチで行った上記の編集は、masterブランチの
README.mdには適用されておらず、ブランチの編集内容が切り離されて
いることを確認できます。

■──ブランチのマージ

　作成したnewbranchブランチの変更内容をmasterブランチへ反映する
には、マージ(git merge)を使いましょう。マージするには、コマンドパ
レットから「Git：ブランチをマージ」を実行します。マージ元ブランチを
求められますので、newbranchを選択します。すると、newbranchブラン
チの変更内容がmasterブランチへ反映されます。

■──コンフリクトの発生と解決

　ブランチAとブランチBで同じファイルの同じ行を編集すると、コン
フリクト(競合)を発生する可能性があります。この状態でブランチAに
ブランチBをマージしようとすると、Gitはどちらが正しいかを自動的に
は判断できません。そのため、マージを行うには開発者がコンフリクト
を解決する必要があります。判断を行うのは開発者ですが、VS Codeは

コンフリクトを手動で解決するための機能を提供しています。

　それでは、意図的にコンフリクトを発生させてみましょう。まずは新しいブランチ toConflict を作成し、README.md に次の編集を行い、コミットしましょう。ここではタイトルと日付を編集しています。

```
README.md
# タイトル
# 2023/03/03
```

　次に、チェックアウトで master ブランチに戻り、次の編集を README.md に行い、こちらも同様にコミットしましょう。

```
README.md
# Title
# 2023/01/01
```

　この時点で、**図5.5**に示す変更履歴が記録されています。

　先ほどと同様に、コマンドパレットから「Git：ブランチをマージ」を実行します。そのあと、マージ元ブランチとして toConflict を選択します。**図5.6**に示すとおり、コンフリクトが発生する場合はコンフリクトしている箇所が表示されます。コンフリクト表示では、緑色のハイライトで「現在の変更」、つまり master ブランチの変更が表示されます。同様に青色のハイライトで「入力側の変更」、つまり toConflict ブランチの変更が表示されます。

　これらを解決するには、コンフリクト表示の上にある4つのアクションを選択します。**表5.1**に、アクションの詳細を示します。

　たとえば「両方の変更を取り込む」を選んだ場合、次のファイルになります。

図5.5　Gitブランチの状況

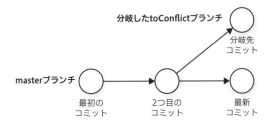

図5.6　コンフリクトの解決

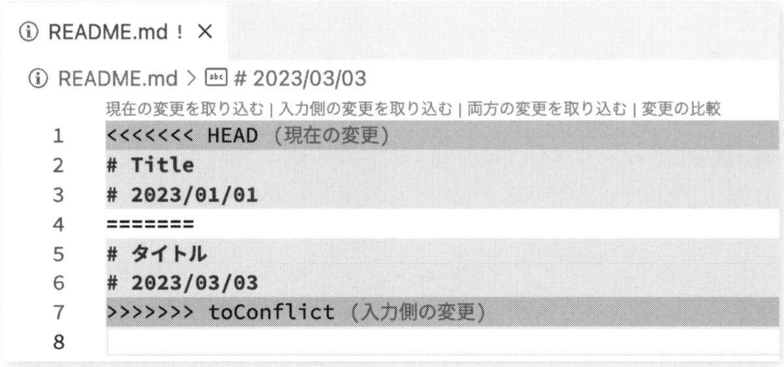

```
ⓘ README.md ! ×

  ⓘ README.md > 🔤 # 2023/03/03
        現在の変更を取り込む | 入力側の変更を取り込む | 両方の変更を取り込む | 変更の比較
   1   <<<<<<< HEAD （現在の変更）
   2   # Title
   3   # 2023/01/01
   4   =======
   5   # タイトル
   6   # 2023/03/03
   7   >>>>>>> toConflict （入力側の変更）
   8
```

表5.1　コンフリクト解決アクション

アクション名	説明
現在の変更を取り込む	マージ先（master）ブランチの内容のみを残す
入力側の変更を取り込む	マージ元（toConflict）ブランチの内容のみを残す
両方の変更を取り込む	マージ元（toConflict）とマージ先（master）ブランチの内容を両方とも残す
変更の比較	マージ元（toConflict）とマージ先（master）ブランチを比較する

```
README.md
# Title
# 2023/01/01
# タイトル
# 2023/03/03
```

　適切なアクションを実行後、コミットすることでコンフリクトの解決は完了です。

そのほかのGit操作機能

　ソース管理右上の「…」から、**表5.2**に示すGitの操作を実行できます。

表5.2　ソース管理から行える Git 操作

アクション名	説明
表示と並べ替え	複数のリポジトリを開いている場合、表示の切り替えや並び替えを行う
プル	リモートリポジトリの変更内容をローカルに同期する（フェッチとマージの組み合わせ）
プッシュ	ローカルリポジトリの変更内容をリモートリポジトリに反映する
クローン	Git リポジトリを複製する
チェックアウト先	別ブランチチェックアウトする
フェッチ	リモートリポジトリの変更内容をロ　カルに反映する
コミット	コミット、前回のコミットを元に戻すなどを行う
変更	ステージングの実行や取り消しを行う
プル、プッシュ	リモートリポジトリとの同期を行う
ブランチ	ブランチのマージ、リベース、名称変更などを行う
リモート	リモートリポジトリの追加、削除を行う
スタッシュ	ファイルの変更を一時的に退避する
タグ	タグの作成、削除を行う
Git 出力の表示	パネルの出力に Git コマンドのログを表示する

5.2

GitHubでのバージョン管理

　GitHub は、手もとの環境で Git 管理しているリポジトリをオンライン上で管理するサービスです。作成したリポジトリを GitHub にアップロードすることで、リモートリポジトリとして複数人で共有できます。ここでは拡張機能を使って、GitHub と VS Code を連携させましょう。

GitHub Pull Request and Issuesのインストール
── GitHubと連携する拡張機能

　GitHubを使ったチーム開発に欠かせないのがGitHub Pull Request and Issues[注7]です。GitHubが開発したこの拡張機能は、VS CodeからGitHubの機能へアクセスするために必要な機能がそろっています。

　前章までと同様の方法でインストールしてください。

GitHubへのサインイン

　GitHubサービスの利用にはアカウント登録が必要です。アカウントを持っていない場合は、GitHub[注8]からアカウントを作成しましょう。

　拡張機能GitHub Pull Request and Issuesをインストールすると、アクティビティバーに「GitHub」アイコンが表示されます。「GitHub」アイコンをクリックし、サイドバーから「Sign in」を選択すると、ブラウザが起動します。ブラウザからGitHubへサインインすることで、GitHubアカウントとVS Codeを連携できます。

GitHubへのリポジトリのアップロード

　作成したリポジトリをGitHubにアップロードします。ステータスバーにある雲のアイコン（☁）をクリックし、「Publish to GitHub public repository」を選択すると、リポジトリをGitHubにアップロードできます。成功すると右下に通知が来ますので、「Open on GitHub」ボタンを押下することでブラウザからリポジトリを確認できます。

Pull RequestとIssueの管理 ── ブラウザを開かずにコードレビュー

　GitHubでは、リポジトリの中でアイデアやフィードバック、タスク、

注7　https://marketplace.visualstudio.com/items?itemName=GitHub.vscode-pull-request-github
注8　https://github.com/

バグを管理する機能を Issue と呼びます。また、リポジトリに変更を行っ
たブランチを、リモートリポジトリのブランチに対してマージ提案を行
う投稿を PullRequest と呼びます。

　通常、開発者はブラウザを介して GitHub 上の Issue や Pull Request を操
作します。拡張機能 GitHub Pull Request and Issues は、Pull Request と
Issue の管理機能を VS Code 上に提供します。これにより、操作するアプ
リケーションを VS Code から切り替えずに、GitHub 上での作業を完了で
きます。

■── Pull Requestの作成 ── ファイルの変更提案を送る

　ここでは Pull Request を体験するために、ブランチを作成してファイ
ルの変更をコミットし、Pull Request を作成します。

　まず、ブランチ forGitHub を作成し、README.md に次の編集を行いまし
ょう。

```
README.md
# GitHub
# 2022/12/24
```

　作成したブランチを GitHub にアップロードするには、「プッシュ」(git
push origin HEAD)を実行します。プッシュするには、ステータスバーの
ブランチ名横にある雲のアイコン(⌕)の「ブランチをプッシュ」ボタンを
クリックします。

　新たにブランチをプッシュ後、Pull Request を作成します。「GitHub」
サイドバーから Pull Request の作成アイコン(⅛)をクリックする、もし
くは、コマンドパレットから「GitHub プルリクエスト：プルリクエスト
の作成」を実行します。コマンドを実行すると、**図5.7**に示す入力ウィン
ドウがサイドバーに表示されます。Pull Request のタイトル(TITLE)とそ
の Pull Request の説明(DESCRIPTION)を入力し、「Create」ボタンを押し
ます。ブラウザ上の GitHub からリポジトリを確認し、「Pull request」を選
択すると、**図5.8**に示す Pull Request を作成できます。

　ブランチのプッシュ後、雲のアイコンは丸い矢印のアイコン(↻)に変
わります。ローカル環境でコミットを行ったときや、リモートリポジト
リで更新があったときにこのアイコンをクリックすると、ローカルリポ

図5.7　Pull Requestの作成

図5.8　GitHub上のPull Requestリスト

ジトリの内容をリモートリポジトリと同期できます。特に複数人での開発中は、こまめにリモートリポジトリと同期しておくことで、ローカルリポジトリを最新の状態に保てます。

■──作成したPull Request、Issueの確認

　Pull Requestを作成後、アクティビティバーの「GitHub」アイコンをクリックすることで、サイドバーの上側にPull Request、下側にIssueのリストが表示されます。「すべてオープン」を選択すると、Pull Requestが表示されます（**図5.9**）。**表5.3**に、Pull Requestの選択メニューを　まとめました。同様に、**表5.4**にIssueの選択メニューをまとめました。

図5.9　Pull Requestのリスト

表5.3　Pull Requestのメニュー

メニュー名	説明
ローカル pull request ブランチ	ローカル環境のブランチに対応する Pull Request
自分のレビュー待ち	GitHub の機能で自分が Reviewers（レビュアー）に割り当てられている Pull Request
自分に割り当て済み	GitHub の機能で自分が Assignees（担当者）に割り当てられている Pull Request
自分が作成	自分が投稿した Pull Request

表5.4　Issueのメニュー

メニュー名	説明
自分の問題	GitHub の機能で自分が Assignees（担当者）に割り当てられている Issue
作成された問題	自分で作成した Issue
最近の問題	最近更新された Issue

■── Pull Requestブランチのチェックアウト

　拡張機能GitHub Pull Request and Issuesの最も便利な点の一つが、リモートリポジトリのブランチ（リモートブランチ）をチェックアウトする機能です。チェックアウトするには、作成したPull Requestの下にある「説明」メニューを選択しましょう。**図5.10**に示すとおり、Pull Requestに関する情報の詳細が表示されます。ここで右上の「Checkout」ボタンを押下すると、リモートブランチをチェックアウトできます。

■── Pull Requestのコメントとレビュー

　リモートブランチをチェックアウトすると、レビューコメントの表示や書き込み機能が有効になります。変更した部分を確認しながら、コメントへの対応やレビューが行えます。

　変更されたファイルを確認したい場合は、リスト内の「説明」を選択してファイルリストを開きます。ファイルリストから編集したREADME.mdを右クリックし、「Open Modified File」を選択すると、ファイルをVS Code上で開くことができます。

　ここで、Pull Requestにコメントを残すレビューが行えます。Pull Requestへのレビューには大きく2種類あります。

図5.10　**Pull Request の詳細**

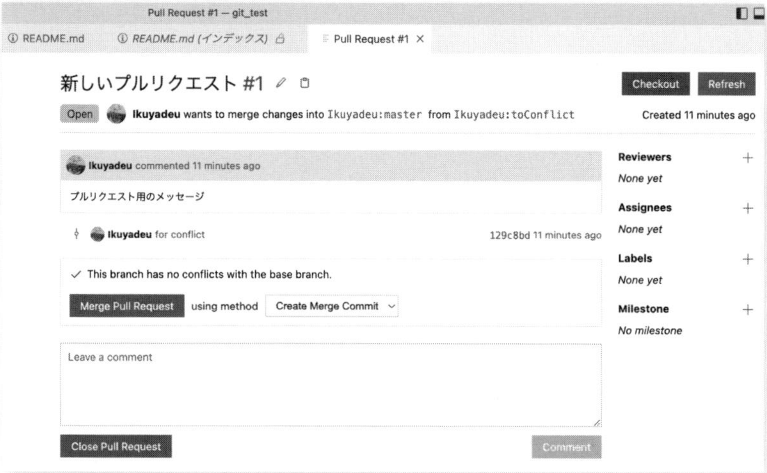

1つ目は、Pull Requestへのコメントです。特定のファイル宛ではない
「修正ありがとうございます」や「LGTM」(*Looks Good To Me*、私としては良
いと思います)などが該当します。サイドバーの「説明」を開き下にスクロ
ールすると、Pull Requestへのコメントウィンドウが表示されます。ウィ
ンドウから投稿したコメントは、GitHub上に反映されます。

2つ目は、ファイルの特定箇所にコメントするレビューコメントです。
ファイルの行番号の右に表示される「+」ボタンをクリックすると、レビュ
ーコメントのウィンドウが表示されます。ウィンドウから投稿したコメ
ントは、こちらもGitHub上に反映されます。

レビューを終了し、もとのブランチへ戻る場合、前項と同様に「説明」
メニューを選択し、Pull Requestの詳細から今度は「Checkout main」を選
択します。もちろん、前述したようにステータスバーのブランチ名をク
リックし、mainを選択することでも戻れます。

そのほかのGitHub連携機能

拡張機能GitHub Pull Request and Issuesにはほかにもいくつか機能が
あります。ここでは、クローンとコメント文に関する機能を紹介します。

■──**クローン**── オンライン上のリポジトリを取り込む

「クローン」(git clone)を使えば、GitHub上のリポジトリをGitの変更
履歴とともに手もとの環境へダウンロードし、編集できます。

まずは、メニューの「ファイル」➡「新しいウィンドウ」を選択し、新し
くウィンドウを開きなおします。「作業の開始」ウィンドウから**図5.11**の
「Gitリポジトリのクローン」ボタンを押下し、**図5.12**でリポジトリのURL
を入力します。ためしに、Microsoftが管理しているVS CodeのURLであ
る、https://github.com/microsoft/vscode.gitを入力しましょう。し
ばらく待つと、対象のリポジトリをローカル環境で開くことができます。

他人が作ったリポジトリでもPull RequestやIssue機能は利用できます。
チーム開発やオープンソースソフトウェア開発では、既存のリポジトリ
をクローンし、Pull Requestを投稿します。

興味のあるリポジトリを見つけたら積極的にクローンし、中のコード

図5.11　VS Code起動時の「クローン」ボタン

図5.12　拡張機能GitHub Pull Request and Issuesによるクローン

を観察してみましょう。

■── **コメント文によるコミュニケーション** ── 関係するユーザーの紐付けやIssueの自動作成

　拡張機能GitHub Pull Request and Issuesは、コメント文との連携もできます。

　まずは、ファイルにGitHubの情報を紐付けてみましょう。ファイルのコメント文に@記号や#記号を付けることで、それぞれGitHubのユーザー名やIssue番号をリンクできます[注9]。たとえば次の`README.md`の場合、コメント文でユーザー名`Ikuyadeu`とIssue番号134を追加しています。これにより、担当者`Ikuyadeu`にIssue番号134の修正を促すことができます。それぞれにカーソルを当てると、**図5.13**に示すリンクが表示されます。

注9　Pythonなど一部の言語は#記号がコメント文になるため、Issue番号を参照できません。

```
README.md
<!-- TODO: @Ikuyadeu さん、 #134 はここで解決してください -->
```

　次に、コメント文からIssueを作成してみましょう。コメント文にTODOや BUG、FIXMEなどの記号を付けることで、Issueを自動作成する準備ができます。

```
README.md
<!-- TODO: 新しいIssueを作ってください -->
```

　TODO文をコメント文冒頭に付けた状態で**図5.14**のように表示される電球記号をクリックします。エディター上部にIssueタイトルの入力を促されますので、🖉アイコンから次のフォーマットを開き編集します。

```
NewIssue.md
Issueタイトル

Assignees: <担当者>
Labels: <Issueのラベル>
```

図5.13　@コメントによるユーザー名表示

図5.14　TODOコメントからIssueの作成

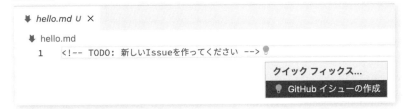

5.3

関連する拡張機能

前節ではGitHub Pull Request and Issuesについて紹介しましたが、そのほかの拡張機能でもGitに関するサポートが行われています。ここでは主に、作成者の表示など複数人での開発を支援するものを紹介します。

GitLens —— コードの作成者を表示する

GitLens[注10]は、**図5.15**のように、ファイルの各行を変更したコミットID、日付、開発者を表示してくれます。不具合が混入した時期や、コードの作成者を調べたいときに役立ちます。

余談ですが、GitLens以外にも、npm(*Node Package Manager*)パッケージの推奨バージョンを表示するVersion Lens[注11]など、○○Lens系の拡張機能を使えば、多くの情報をファイルに表示できます。

注10　https://marketplace.visualstudio.com/items?itemName=eamodio.gitlens

注11　https://marketplace.visualstudio.com/items?itemName=pflannery.vscode-versionlens

図5.15　**GitLensのコード作成者表示**

GitHub Repositories — クローンせずにGitHubリポジトリを編集する

GitHubが提供するGitHub Repositories[注12]は、GitHub上のリポジトリの検索や編集が行えます。クローンを行わずに編集できるため、大規模なリポジトリでも手軽に編集できます。利用にはGitHub Pull Request and Issuesと同様にサインインが必要です。

注意点として、GitHub Repositoriesの利用時は制限モード[注13]で起動します（**図5.16**）。制限モードではステータスバーに「制限モード」と表示され、ターミナル上でのコマンドの実行、デバッグ、一部の拡張機能が利用できません。そのため、ちょっとしたREADME.mdの編集や、1行単位での修正などに向いています。

注12　https://marketplace.visualstudio.com/items?itemName=GitHub.remotehub
注13　https://code.visualstudio.com/docs/editor/workspace-trust#_restricted-mode

図5.16　GitHub Repositoriesによる制限モード起動

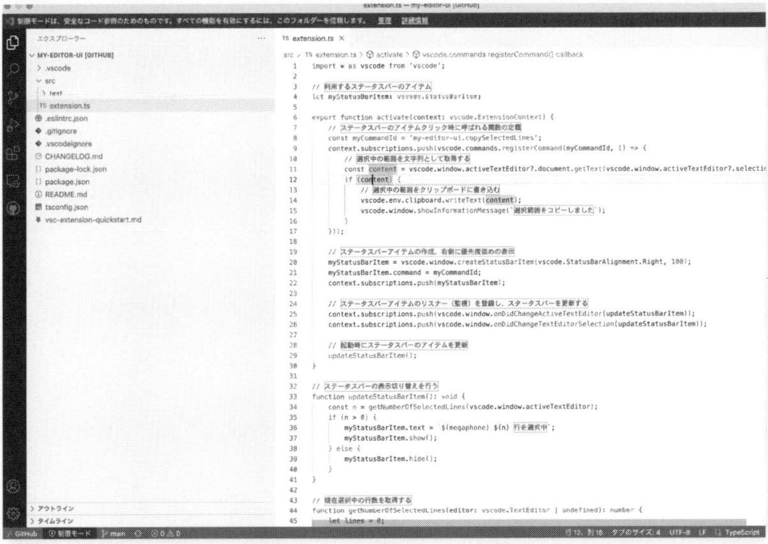

5.4

まとめ

　本章では、バージョン管理システムである Git や、開発プラットフォームである GitHub を VS Code 上で操作する方法を学びました。

　バージョン管理の重要性は開発人数や開発規模に応じて高くなります。一方で、Git のコマンドは多く、覚えるには骨が折れます。VS Code や Git に関連した拡張機能を駆使することで、気楽にソースコードを管理していきましょう。

第 **6** 章

JavaScript/TypeScript による開発

　JavaScriptやその派生であるTypeScriptは、Webアプリケーションで
広く利用されてきたプログラミング言語です。近年はElectronをはじめ
としたフレームワークの登場でWebアプリケーション以外でも活躍する
機会が増え、VS CodeもTypeScriptで実装されています。
　本章では、VS Codeの標準機能でサポートしているJavaScriptと
TypeScriptについて、基礎的な環境設定からReactを使ったWebアプリ
ケーション開発までを体験します。

6.1

JavaScript/TypeScript環境のインストール

　まずは、必要な環境のインストールを行います。ローカル環境で
JavaScript/TypeScriptを利用するために、Node.jsや、TypeScript、関連
する拡張機能をインストールします。

▍Node.js —— JavaScript/TypeScriptの実行環境

　Node.jsとnpmをインストールします。
　Node.jsは、JavaScriptで記述したソフトウェアを実行するアプリケー
ションです。Node.jsのようなコードを実行するソフトウェアを実行環境
と言います。JavaScriptはブラウザ上で動作するイメージの強い言語です
が、実行環境であるNode.jsを使うことで、「OSの機能」と呼ばれるPC内
のファイル操作やネットワーク通信を行えます。
　npm（*Node Package Manager*）は、JavaScriptで使うパッケージをインスト
ールするためのコマンドラインツールです。npmのページ[注1]には130万
件以上のパッケージが公開されており[注2]、本章でも多くのパッケージを利
用します。npmを利用することで、必要なパッケージをまとめてインス

注1　https://www.npmjs.com/
注2　https://blog.npmjs.org/post/615388323067854848/so-long-and-thanks-for-all-the-packages

トールできます。

Node.jsのページ[注3]から、LTS（*Long Term Support*、長期間サポート）バージョンをダウンロードしてインストールしてください。このとき、npmも一緒にインストールされます。本書ではv18.12.1を使用します。

TypeScript

npmを使ってTypeScriptをインストールします。

npmパッケージをインストールする際は、ローカルインストールとグローバルインストールの2種類があります。ローカルインストールは、現在ターミナルで開いているJavaScript/TypeScriptプロジェクトにパッケージをインストールします。グローバルインストールは、利用しているPCにパッケージをインストールします。今回はTypeScriptをPC上にインストールするため、グローバルインストールを行います。

「表示」➡「ターミナル」からターミナルを起動し、TypeScriptパッケージをグローバルインストールしましょう。npm installコマンドに-gオプションを付けることでグローバルインストールが有効になります。本書では、執筆時点の最新である4.9.4を使用します。

```
$ npm install -g typescript
```

JavaScript/TypeScript拡張機能

JavaScriptとTypeScriptでは、多くの拡張機能が共通で利用できます。ここでは、特に便利な拡張機能であるESLint、Jest、Prettier、npm Intellisenseの4つをインストールします。

■── **ESLint** ── JavaScript/TypeScriptコードのチェック

プログラムの不具合を見つけることは困難です。そのため、実行し、動かなければ修正するという作業の繰り返しで時間を消費しがちです。

注3　https://nodejs.org/

ESLint[注4]は、文法エラーなどの問題をコード編集中に早期発見します。
このようなコードチェックを行うツールを、リンターもしくは静的解析
ツールと呼びます。

　ESLintもnpmパッケージです。TypeScriptと同様にnpmコマンドをタ
ーミナルから実行し、ESLintをグローバルインストールします。

```
$ npm install -g eslint
```

　次に、Microsoftが提供するESLint拡張機能[注5]をMarketplaceからイン
ストールします。ESLint単体ではコマンドラインツールとしてしか利用
できないため、見つかった問題はすべてターミナル上に表示されます。
ESLint拡張機能を利用することで、コードに含まれる問題をVS Code上
から確認できます。また、電球マークをクリックすることで修正も自動
で行います。具体的な利用方法は後述します。

　このほか、JavaScriptにはJSHint[注6]やStandardJS[注7]などのコードチェッ
ク用拡張機能が公開されています。自分やチームに合ったものを使い分
けましょう。

■—— Jest —— ユニットテスト用フレームワーク

　Jestは、JavaScript/TypeScriptでユニットテストを実行するためのフレ
ームワークです。ユニットテストを実行することで、コードの機能が正
しく動作するかを実行前に検証します。Jestは後述するReactでも採用さ
れています。

　JestもESLintと同様にnpmパッケージとしてインストールが必要です。
ただ、多くの場合、Jestはプロジェクトごとにローカルインストールす
るため、ここでグローバルインストールは行わず、のちほどローカルイ
ンストールを行います。

　ここではJest拡張機能[注8]をインストールし、VS Code上でJestのUIを

注4　https://eslint.org/

注5　https://marketplace.visualstudio.com/items?itemName=dbaeumer.vscode-eslint

注6　https://marketplace.visualstudio.com/items?itemName=dbaeumer.jshint

注7　https://marketplace.visualstudio.com/items?itemName=standard.vscode-standard

注8　https://marketplace.visualstudio.com/items?itemName=Orta.vscode-jest

利用する準備をしましょう。Jest拡張機能をインストールすると、ユニットテストの自動実行やテスト結果の表示機能を利用できます。具体的な利用方法は後述します。

このほか、JavaScriptのテストツールにはMocha[注9]やAVA[注10]があります。本章では、最近の人気が高く[注11]、VS Code拡張機能によるサポートが手厚いJestを扱います。VS Codeの拡張機能開発ではMochaが広く利用されているため、第9章、第10章ではMochaを利用します。

■── Prettier ── JavaScript/TypeScriptコードの整形

次に、コードを整形する拡張機能Prettier[注12]をインストールします。Prettierもnpmパッケージですが、npmパッケージのインストールを行わなくても、拡張機能をインストールするだけで利用できます。具体的な利用方法は後述します。

■── npm Intellisense ── モジュール管理

npm Intellisense[注13]は、パッケージを利用するrequire関数やimport文のコード補完を行う拡張機能です。ローカルインストールしたパッケージやファイルパスからパッケージ名を取得してくれるため、パッケージの利用がスムーズになります。コーディング中にコマンドパレット（ F1 キー）から「NPM Intellisense: Import module」を実行することで、好きなモジュールを選択できます。この拡張機能はインストールした時点で設定を行わず有効になります。

注9 https://mochajs.org/

注10 https://github.com/avajs/ava

注11 https://npmtrends.com/ava-vs-jasmine-vs-jest-vs-mocha

注12 https://marketplace.visualstudio.com/items?itemName=esbenp.prettier-vscode

注13 https://marketplace.visualstudio.com/items?itemName=christian-kohler.npm-intellisense

6.2

Hello JavaScript

本節ではJavaScriptについて解説します。プログラミングの慣習に従って、Hello, World! を出力するプログラムを作成しましょう。

JavaScript作業用フォルダの作成

JavaScriptのソースコードファイルを管理するフォルダを作ります。VS Codeのエクスプローラーか次のコマンドを使ってhello-javascriptフォルダを作成し、VS Codeでワークスペースを開きましょう。

```
$ mkdir hello-javascript
$ code hello-javascript
```

JavaScriptファイルの編集

hello.js ファイルを作成し、次のコードを記述してください。

```
hello-javascript/hello.js
var message = 'Hello, World!'
console.log(message)
```

JavaScriptのコードチェック

ここでは、インストールしたESLintとPrettier拡張機能を使ってコードチェックを行える環境を設定します。

─ ESLintによるコードチェック

ESLintの環境を設定する .eslintrc.json ファイルを作成します。

```
hello-javascript/.eslintrc.json
{
  "env": {
```

```
    "browser": true,
    "es6": true,
    "jest": true
  },
  "extends": "eslint:recommended",
  "parserOptions": {
    "ecmaVersion": 11,
    "sourceType": "module"
  }
}
```

各要素は**表6.1**の内容を管理しています。今回は最低限の設定のみを行っています。表中のrules、pluginsは上記ファイルには登場していませんが、後述のTypeScriptやReact、第9章、第10章のVS Code拡張機能で使う要素ですので記述しています。

これにより、次の例に示すソースコードのコーディング規約違反に警告を出します。次のコード例には、不要な論理処理!!記号やBooleanが含まれています。

修正前のhello.js
```
var message = 'Hello, World!'
console.log(message)
if (!!message)
{
```

表6.1 ESLintの主な設定項目

設定項目	説明
env	実行環境。利用するグローバル変数を決める。今回はブラウザとECMAScript 6、あとで使うJestを利用
rules	ルールセット。チェックしたいESLintのルールを設定する。今回はextendsでルールセットを継承するため設定しない
extends	ルールセットの継承。ESLintに実装されているルールや、ほかのeslintrcファイルで定義されているルールを継承。今回はESLintの標準ルールeslint:recommendedを利用
parserOptions	構文解析オプション。React特有の構文を使う場合や、ECMAScriptのサポートバージョンを変更したいときに設定。今回はECMAScriptの文法バージョンを11とし、ECMAScriptのコードを利用するために"sourceType": "module"を設定
plugins	ESLintプラグイン。JestやTypeScript、Reactなど、外部パッケージを使った開発向けルールを利用するプラグインを定義する。以降で@typescript-eslintなどを利用

```
    //
}
if (Boolean(message))
{
    //
}
```

　図6.1では、それらを取り除くようコード中に波線で警告を出しています。警告が発生した箇所をクリックすると、図6.1左側の青い電球マークを確認できます。電球をクリックして「Fix this no-extra-boolean-cast problem」（問題 no-extra-boolean-cast を修正する）を選択すると、該当箇所のみを自動修正するクイックフィックスが実行されます。あるいは、「Fix all auto-fixable problems」（修正可能なすべての問題を修正する）を選択すれば、クイックフィックスが適用できる問題すべてを一度に解決できます。いずれかを実行すると、次に示す無駄のないコードに修正されます。

修正後のhello.js

```
var message = 'Hello, World!'
console.log(message)
if (message)
{
    //
}
if (message)
{
```

図6.1　**ESLintによるクイックフィックス**

```
    //
}
```

■── Prettierによるコードの整形

続いて、Prettierでコードのフォーマットを修正します。

ESLintと異なり、Prettierでは設定ファイルを作成する必要はありません。ただし、VS Code側の設定が必要です。設定ファイルsettings.jsonを開き、次の設定項目を追加してください。

```
hello-javascript/settings.json
（省略）
"[javascript]": {
    "editor.defaultFormatter": "esbenp.prettier-vscode",
    "editor.formatOnSave": true
}
（省略）
```

ここでは、2つの設定を行っています。一つはeditor.defaultFormatterで、VS CodeのJavaScriptで使うフォーマット用のツールをPrettier拡張機能に設定しています。もう一つはeditor.formatOnSaveで、JavaScriptファイル保存時にソースコードをフォーマットするように設定しています。

設定完了後、次のファイルmath.jsを作成してください。このコードは1行あたりの文字数をわざと多くし、無駄な空白を追加しています。

```
hello-javascript/math.js
let num = Math.floor (Math.random() * 1E+7).toString().replace(/\.\d+/ig, "")
console.log(num);
```

ファイルを保存すると、コードの動作はそのままで、読みやすいコードにフォーマットしてくれます。

```
修正後のhello-javascript/math.js
let num = Math.floor(Math.random() * 1e7)
  .toString()
  .replace(/\.\d+/gi, "");
console.log(num);
```

JavaScriptの実行

下部のターミナルから次のコマンドを実行し、Hello, World!を表示しましょう。

```
$ node hello.js
Hello, World!
```

JavaScriptのデバッグ

実行中のプログラムが正常に動作しているかを細かく観察するには、デバッグ機能を利用します。デバッグ機能は、不具合の原因特定などに利用します。

デバッグを行うには、まずデバッグ方法を設定するlaunch.jsonファイルを作成します。launch.jsonの書き方は第2章で扱ったタスクファイルと似ていますが、ここではデバッグ実行用のコマンドを書きます。アクティビティバーから「実行とデバッグ」アイコン()を選択し、「launch.jsonファイルを作成します」➡「Node.js」を選択してください。次のファイルlaunch.jsonが作成されます。

```
hello-javascript/.vscode/launch.json
{
    "version": "0.2.0",
    "configurations": [
        {
            "type": "node",
            "request": "launch",
            "name": "Launch Program",
            "skipFiles": [
                "<node_internals>/**"
            ],
            "program": "${workspaceFolder}/hello.js"
        }
    ]
}
```

次に、ブレークポイントを設定します。ブレークポイントとは、デバッグ時にプログラムを一時停止させる場所です。一時停止させたい行番

号の左をクリックするか、カーソルを合わせて F9 を押すことでブレークポイントが設定され、**図6.2**の赤い丸が表示されます。

　サイドバー上部のボタンからデバッグを開始できます。図6.2では、最初に作成したhello.jsにブレークポイントを設定してデバッグしています。このとき、ブレークポイント時点までの各行で利用した値がサイドバーに表示されます。図では、変数messageに格納された値"Hello, World!"が表示されています。また、図6.2上部に表示されているツールバーのボタンは、左から順に次の操作を行うためのものです。

- **続行**
  次のブレークポイントまでプログラムを続行する
- **ステップオーバー**
  1行ずつデバッグを続行する。関数があった場合も、次の行に進む
- **ステップイン**
  1行ずつデバッグを続行する。関数があった場合、関数の中に進む
- **ステップアウト**
  1行ずつデバッグを続行する。関数の中の場合、関数の外に抜け出す
- **再起動**
  デバッグを中断し、再実行する

図6.2　　**JavaScriptのデバッグ画面**

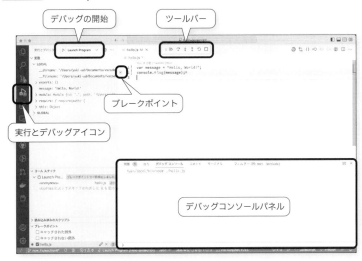

・**停止**

　デバッグを中断する

デバッグが終わったら、「停止」ボタンをクリックしましょう。

JavaScriptのテスト

　JavaScriptには多くのテストフレームワークが存在します。今回は前述したJestを利用します。

── Jestのインストール

　まずは、次のコマンドでプロジェクトにJestをインストールします。

```
$ npm install --save-dev jest
```

　package.jsonファイルとnode_modulesフォルダが作成されていれば成功です。package.jsonは、Node.jsプロジェクトで使用されるファイルです。プロジェクトの依存関係やスクリプト、バージョン、作者などの情報を管理します。node_modulesフォルダには、npmを使ってインストールしたパッケージが格納されます。

　--save-devオプションを使ってインストールしたパッケージは、package.jsonのdevDependenciesに追加されます。devDependenciesに記述されたパッケージは、開発中のみ利用するパッケージです。つまり、ビルド後のプロジェクトには含まれません。そのため、作成した開発物を配布するときに成果物の容量を節約できます。

```
hello-javascript/package.json
{
  "devDependencies": {
    "jest": "^29.3.1"
  }
}
```

　逆に、--save-devオプションを付けずにインストールした場合、dependenciesに追加されます。ソースコードの実行に必要なパッケージのインストールではオプションを付けないように気を付けましょう。

■── Jestコマンドの追加

devDependenciesに追加したJestを実行するために、package.jsonにスクリプトを追加します。ここで追加したコマンドはnpm run testで実行できます。

```
hello-javascript/package.json
{
  "scripts": {
    "test": "jest"
  },
  "devDependencies": {
    "jest": "^29.3.1"
  }
}
```

■── JavaScriptコードのテスト

次に、テスト対象となるコードsort.jsを作成しましょう。並び替えを行うバブルソート関数bubbleSortを追加します。

```
hello-javascript/sort.js
module.exports = {
  bubbleSort,
};

// バブルソート関数
function bubbleSort(arr) {
  for (var i = 0; i < arr.length; i++) {
    for (var j = 0; j < arr.length - i - 1; j++) {
      if (arr[j] > arr[j + 1]) {
        var temp = arr[j];
        arr[j] = arr[j + 1];
        arr[j + 1] = temp;
      }
    }
  }
  return arr;
}

let array = [2, 3, 5, 4, 1];
array = bubbleSort(array);
console.log(array);
```

続いて、hello.jsのbubbleSortをテストするコードを書きます。Jestはtestフォルダ内のファイルを参照するため、testフォルダを作成し、その中にsort.test.jsファイルを作成します。

```
hello-javascript/test/sort.test.js
let sort = require("../sort");

describe("配列に関するテスト", () => {
  test("sort.jsのbubbleSortをテスト", () => {
    expect(sort.bubbleSort([3, 2, 1]) == [1, 2, 3]);
  });
});
```

　Jest拡張機能をインストールしていれば、sort.jsやsort.test.jsを保存した場合にテストが自動的に実行されます。テストに成功した場合は、テストコードであるsort.test.jsの行番号の左に「✓」が表示されます（**図6.3**）。表示されない場合は、VS Codeの再読み込みを試しましょう（コマンドパレットから「開発者：ウィンドウの再読み込み」）。テストを再度実行するには、この「✓」をクリックします。もしくは図6.3の「テスト」アイコン（⚗）からhello-javascriptテストを選択し、「実行」ボタンを押しましょう。これらの動作は、次節以降のTypeScriptやReact、第7章のJava、第8章のPythonでも同様です。

　テストの実行は、追加したnpm run testコマンドでも行えます。テストに成功していればPASS　test/sort.test.jsと表示されます。

```
$ npm run test
 PASS  test/sort.test.js
  配列に関するテスト
    ✓ sort.jsのbubbleSortをテスト (1 ms)

Test Suites: 1 passed, 1 total
```

図6.3 ■ JestによるJavaScriptテスト結果

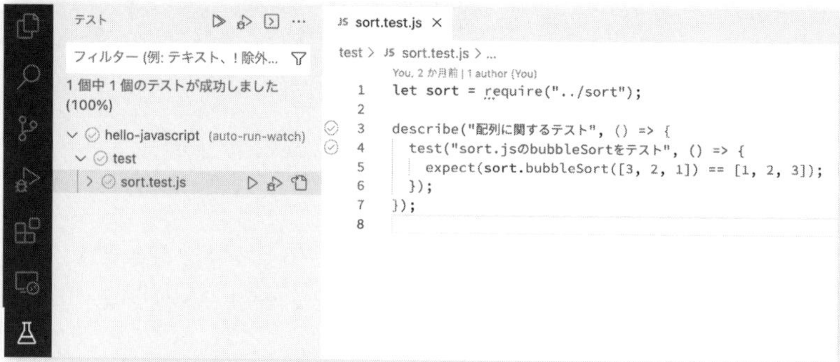

```
Tests:        1 passed, 1 total
Snapshots:    0 total
Time:         0.595 s, estimated 1 s
Ran all test suites.
```

6.3

Hello TypeScript

　本節ではTypeScriptについて解説します。ここでも、Hello, World! を
出力するプログラムを作成します。

　TypeScriptはJavaScriptから派生した言語で、厳密な型指定が特徴で
す。型情報を利用することで、JavaScriptよりもVS Codeでのコード補完
や文法チェック機能がリッチになっています。たとえば次のソースコー
ドを書いた場合、JavaScriptであれば12と表示されます。TypeScriptの場
合、異なる型どうしでの演算はコード編集時点でエラーとなります。

```
hello-typescript/src/hello.ts
const message = [1] + 2;
console.log(message);
```

TypeScriptプロジェクトの作成

　次のコマンドを実行し、TypeScriptプロジェクトを作成します。

```
作業フォルダの作成
$ mkdir hello-typescript
$ cd hello-typescript

package.jsonの作成
$ npm init -y

tsconfig.jsonの作成
$ npx tsc --init

VS Codeを起動してプロジェクトを開く
$ code .
```

　ここでは package.json と tsconfig.json を作成します。

　tsconfig.json は、TypeScript のトランスパイル方法を設定するファイルです。TypeScriptで記述したコードは、JavaScriptコードに変換することで実行できます。この変換をトランスコンパイル、略してトランスパイルと呼びます。tsconfig.json は、トランスパイルの対象とするファイルやトランスパイル後の JavaScript ファイルの格納フォルダ、利用する JavaScript のバージョンを指定します。作成した tsconfig.json ファイルを次のように編集します。

```
hello-typescript/tsconfig.json
{
  "compilerOptions": {
    /* 利用するJavaScriptのバージョン。今回はデフォルトのes2016を採用 */
    "target": "es2016",
    /* モジュール管理システム。基本的にはCommonJSでOK */
    "module": "commonjs",
    /* 生成するJavaScriptファイルの出力先 */
    "outDir": "out",
    /* デバッグ用にTypeScriptとJavaScriptを対応付ける */
    "sourceMap": true,
    /* import文のサポートを追加 */
    "esModuleInterop": true,
    /* import時に大文字／小文字を判別する */
    "forceConsistentCasingInFileNames": true,
    /* コードチェック時に厳密な型チェックを行う */
    "strict": true,
    /* コードチェックからd.tsファイルを除外しトランスパイル時間を節約する */
    "skipLibCheck": true
  }
}
```

TypeScriptファイルの編集

　src/hello.ts ファイルを作成し、次の Hello, World! を出力するコードを記述してください。このコードは後述する ESLint での指摘を受けるため、あえて不適切な書き方をしています。

```
hello-typescript/src/hello.ts
var message: string = 'Hello, World!'
console.log(message)
```

TypeScriptのコードチェック

前節と同様に、ESLintとPrettier拡張機能を使ってコードチェックを行える環境を設定します。

■── ESLintによるコードチェック

次のコマンドから、ESLintとESLintのTypeScriptプラグイン、TypeScript用パーサーをインストールします。パーサーとは、プログラミング言語の構文を解析するツールです。ESLint本体はすでにインストールしていますが、ローカルインストールすることで使用するESLintのバージョンをpackage.json内で管理できます。

```
$ npm install -D eslint @typescript-eslint/eslint-plugin @typescript-eslint/parser （実際は1行）
```

次に、設定ファイル.eslintrc.jsonをTypeScript用に作成します。

hello-typescript/.eslintrc.json
```
{
  "env": {
    "browser": true,
    "es6": true,
    "jest": true
  },
  "extends": [
    "eslint:recommended",
    "plugin:@typescript-eslint/recommended",
    "plugin:@typescript-eslint/recommended-requiring-type-checking"
  ],
  "parser": "@typescript-eslint/parser",
  "parserOptions": {
    "ecmaVersion": 11,
    "sourceType": "module",
    "project": "./tsconfig.json"
  },
  "plugins": [
    "@typescript-eslint"
  ]
}
```

JavaScriptのときの.eslintrc.jsonとの違いは2つです。一つは、pluginsでTypeScript用のプラグインを導入し、extendsで利用している点です。もう一つは、parserでTypeScript用の構文解析ツールを導入し、

parserOptions で tsconfig.json を利用している点です。

　ESLint の設定が完了すると、hello.ts が 2 つの項目でチェックされます。具体的には、var と : string について注意されます。TypeScript では、書き換えを行わない変数は var ではなく const が推奨されています。また、TypeScript はトランスパイル時に型が定まるため、: string という記述も不要です。該当箇所の電球をクリックして、「Fix all auto-fixable problems」からクイックフィックスを適用します。

`修正後の hello-typescript/src/hello.ts`

```
const message = 'Hello, World!'
console.log(message)
```

■── Prettierによるコードの整形

　Prettier の利用方法は前節の JavaScript と同様です。6.2 節と同様の設定を行ってください。

TypeScriptのトランスパイルと実行

　作成した TypeScript コードを実行するには、前述した JavaScript へのトランスパイルが必要です。次のコマンドでファイルのトランスパイルを行います。

```
$ tsc
```

　トランスパイルが終了すると、out フォルダに先ほどとは別の hello.js ファイルが作成されます。また、次項のデバッグで活用する out/hello.map.js も生成されます。

　次のコマンドで作成した hello.js ファイルを実行し、Hello, World! を表示しましょう。

```
$ node out/hello.js
Hello, World!
```

TypeScriptのデバッグ

もしJavaScriptファイルに問題があったとき、TypeScriptのどの場所を
チェックすればよいのでしょうか。TypeScriptでは、トランスパイル時
に生成される out/hello.map.js ファイルを利用して、実行する JavaScript
のソースコードと TypeScript ファイルを紐付けます。

JavaScriptと同様に、デバッグを行うにはアクティビティバーの「実行
とデバッグ」アイコンから「launch.jsonファイルを作成します」➡「Node.
js」を選択してください。次のファイルが作成されます。

```
hello-typescript/.vscode/launch.json
{
  "version": "0.2.0",
  "configurations": [
    {
      "type": "node",
      "request": "launch",
      "name": "Launch Program",
      "skipFiles": [
          "<node_internals>/**"
      ],
      "program": "${workspaceFolder}/src/hello.ts",
      "outFiles": [
          "${workspaceFolder}/**/*.js"
      ]
    }
  ]
}
```

ブレークポイントを次のsrc/hello.tsファイルの2行目に設定して実
行します。

```
hello-typescript/src/hello.ts
for (let i = 0; i < 10; i++) {
    console.log(i);
}
```

実際に動作しているのはout/hello.jsファイルですが、**図6.4**のよう
にTypeScriptファイルにブレークポイントが紐付けられて動作を確認で
きます。

図6.4 TypeScriptのデバッグ画面

TypeScriptのテスト

テストではJavaScriptでも利用したJestを使います。ただし、TypeScript用のパッケージが別途必要になります。

■── Jestのインストール

次のコマンドからJestパッケージのインストールと、設定ファイルの作成を行います。

```
パッケージのインストール
$ npm install --save-dev @types/jest ts-jest
```
```
設定ファイルの作成
$ npx ts-jest config:init
```

これにより、前節と同様に`package.json`ファイルと`node_modules`フォルダ、そしてテスト設定ファイルの`jest.config.js`が作成されます。`package.json`の`devDependencies`には、TypeScriptでのテスト用パッケージである`@types/jest`と`ts-jest`が追加されています。

■── Jestコマンドの追加

前節と同様に、テスト実行用の`scripts`を`package.json`に追加します。

```
hello-typescript/package.json
{
  "scripts": {
    "test": "jest"
  },
  "devDependencies": {
    "@types/jest": "^29.2.5",
    "ts-jest": "^29.0.3"
```

```
    }
}
```

──TypeScriptコードのテスト

次に、テストの対象となるソースコードを作成します。JavaScriptと同様に、ソートを行うコードsrc/sort.tsを作成します。

`hello-typescript/src/sort.ts`
```
export function bubbleSort(arr: number[]): number[] {
  for(let i = 0; i < arr.length; i++){
    for(let j = 0; j < arr.length - i - 1; j++){
      if(arr[j] > arr[j+1]){
        const temp = arr[j]
        arr[j] = arr[j + 1]
        arr[j+1] = temp
      }
    }
  }
  return arr
}

let array = [2, 3, 5, 4, 1];
array = bubbleSort(array)
for(const element of array){
    console.log(element);
}
```

続いて、テストコードを書きます。新しいフォルダtestとテストファイルtest/sort.test.tsを作成します。なお、拡張機能npm Intellisenseをインストールしている場合、1行目のimportを入力する際に、**図6.5**に示すコード補完が行われます。

図6.5　npm Intellisenseによるコード補完

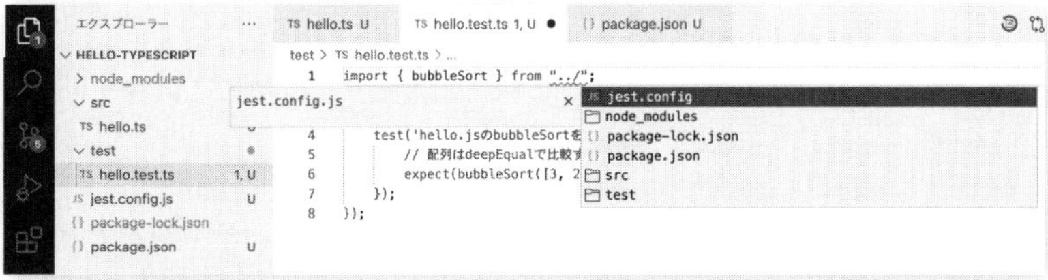

```
hello-typescript/test/sort.test.ts
import { bubbleSort } from "../src/sort";

describe('配列に関するテスト', () => {
  test('sort.jsのbubbleSortをテスト', () => {
    // 配列はdeepEqualで比較する
    expect(bubbleSort([3, 2, 1])).toStrictEqual([1, 2, 3]);
  });
});
```

　Jest拡張機能をインストールしている場合は、前節と同様に自動実行されます。JavaScriptと同様に、ファイル横の「✓」や「テスト」アイコン（ 𝚫 ）からテストを実行できます。また、コマンドラインの場合も npm run test コマンドでテストを実行します。

```
$ npm run test
 PASS  test/sort.test.ts
  配列に関するテスト
    ✓ sort.jsのbubbleSortをテスト (1 ms)

Test Suites: 1 passed, 1 total
Tests:       1 passed, 1 total
Snapshots:   0 total
Time:        0.772 s, estimated 1 s
Ran all test suites.
```

6.4

ReactによるWebアプリケーション開発

　JavaScriptおよびTypeScriptは、Webアプリケーション開発でよく利用されています。本節では、Webアプリケーション開発で需要の高いReact[注14]を紹介します。Reactは、Node.jsに次いで2022年時点で最も人気[注15]なWebフレームワークの一つです。本章ではReactのバージョン18.1.0を使

注14　https://reactjs.org/
注15　「Stack Overflow Developer Survey 2022」（https://survey.stackoverflow.co/2022/#section-most-popular-technologies-web-frameworks-and-technologies）

用します。

React プロジェクトの作成

次のコマンドでReactプロジェクトmy-appを作成し、VS Codeを開き なおしてください。

```
Reactプロジェクトの作成
$ npx create-react-app my-app -y

プロジェクトをVS Codeで開く
$ code my-app
```

1つ目のコマンドで**表6.2**に示すパッケージのインストールも行うた め、少し時間がかかります。それぞれのパッケージのバージョンは package.jsonから確認できます。

```
my-app/package.json
(省略)
"dependencies": {
  "@testing-library/jest-dom": "^5.16.5",
  "@testing-library/react": "^13.4.0",
  "@testing-library/user-event": "^13.5.0",
  "react": "^18.2.0",
  "react-dom": "^18.2.0",
  "react-scripts": "5.0.1",
```

表6.2　npx create-react-app でインストールされる npm パッケージ

パッケージ	説明
@testing-library/jest-dom	Jestと併用して、DOM（Webページの木構造としての表現）に対するテストを実行するライブラリ
@testing-library/react	Reactアプリケーションのテストを実行するライブラリ
@testing-library/user-event	ユーザーによる操作をシミュレートするテストを行うライブラリ
react	Reactの本体ライブラリ
react-dom	アプリケーションをブラウザ上でレンダリング（表示）するツール
react-scripts	ビルドやテストなどのコマンドラインツール
web-vitals	Webページのロード時間などを計測するツール

```
    "web-vitals": "^2.1.4"
},
(省略)
```

Reactプロジェクトのファイル構成は次のようになっています。

```
React プロジェクトのファイル構成
.
├─ public                  // ページの設定を管理するフォルダ
│   ├─ favicon.ico         // アプリケーションのアイコン
│   ├─ index.html          // ブラウザ上で表示されるHTMLファイル
│   └─ manifest.json       // アプリケーションのメタファイル
├─ src                     // Reactのコードを管理するフォルダ
│   ├─ App.css             // App.jsのためのCSSファイル
│   ├─ App.js              // Reactのメインコンポーネント
│   ├─ App.test.js         // App.jsのテストコード
│   ├─ index.css           // プロジェクト全体のCSSファイル
│   ├─ index.js            // App.jsをインポートするためのファイル
│   ├─ logo.svg            // Reactのロゴ情報が入った画像ファイル
│   ├─ reportWebVitals.js  // WebVitalの計測コード
│   └─ setupTests.js       // テストコードの設定
├─ package.json            // Reactプロジェクトとしてのパッケージ情報
└─ README.md               // Reactプロジェクトとしての説明書
```

Reactプロジェクトの開発

　生成された src/App.js ファイルが、Reactのメインコンポーネントです。Reactのロゴや Learn React と出力する次のコードが書かれています。今回はこのコードをそのまま実行します。

my-app/src/App.js
```javascript
import logo from './logo.svg';
import './App.css';

function App() {
  return (
    <div className="App">
      <header className="App-header">
        <img src={logo} className="App-logo" alt="logo" />
        <p>
          Edit <code>src/App.js</code> and save to reload.
        </p>
        <a
          className="App-link"
```

```
          href="https://reactjs.org"
          target="_blank"
          rel="noopener noreferrer"
        >
          Learn React
        </a>
      </header>
    </div>
  );
}

export default App;
```

React プロジェクトのコードチェック

　ここでは、インストールした ESLint と Prettier 拡張機能を使ってコードチェックを行える環境を設定します

■── ESLintによるコードチェック

　次のコマンドから、ESLint と React 用の ESLint プラグインをローカルインストールします。インストールに成功すると、package.json に eslint と eslint-plugin-react が追加されます。

```
$ npm install eslint eslint-plugin-react --save-dev
```

　そのあと、次の .eslintrc.json を作成すると、React および Jest に特化したコードチェックが行えます。

`my-app/.eslintrc.json`
```
{
  "env": {
    "browser": true,
    "es6": true,
    "jest": true
  },
  "settings": {
    "react": {
      "version": "detect"
    }
  },
  "extends": [
    "eslint:recommended",
```

```
      "plugin:react/recommended"
    ],
    "parserOptions": {
      "ecmaFeatures": {
        "jsx": true
      },
      "ecmaVersion": 11,
      "sourceType": "module"
    },
    "rules": {
      "no-console": "off",
      "react/react-in-jsx-scope": "off"
    },
    "plugins": [
      "react",
      "jest"
    ]
}
```

　JavaScriptのときの`.eslintrc.json`との違いは4つです。1つ目は、`plugins`でReact用のプラグインを導入し、`extends`で利用している点です。2つ目は、`parserOptions`でチェック対象としてReactのファイルである`jsx`を入れている点です。3つ目は、`settings`で対象とするReactのバージョンを自動取得するよう設定している点です。最後は、`rules`で`react/react-in-jsx-scope`を無効化している点です。このルールはReactの宣言（`import React from 'react'`）が行われていないファイルをチェックするものですが、現在ではReactの宣言は不要になったため無効化しています。

■── **Prettierによるコードの整形**
　6.2節と同様の設定を行ってください。

Reactプロジェクトのビルド、実行

　作成したReactプロジェクトを次のコマンドで実行します。

```
$ npm start
```

　図6.6の画面がブラウザで表示されます。

図6.6　Reactアプリケーション起動画面

もし表示されない場合は、ブラウザから http://localhost:3000/ にア
クセスしてください。表示確認後、src/App.js の Learn React 部分やリ
ンクを編集し、ブラウザを再読み込みしてください。変更内容が反映さ
れていることを確認できます。

このコマンドを手軽に実行するために、.vscode フォルダ内に tasks.
json と launch.json を作成します。

まず、tasks.json を作成するために、「ターミナル」➡「タスクの構成
…」から「npm: start」を選択してください。次のファイルが作成されます。

`my-app/.vscode/tasks.json`

```
{
  "version": "2.0.0",
  "tasks": [
    {
      "type": "npm",
      "script": "start",
      "problemMatcher": [],
      "label": "npm: start",
      "detail": "react-scripts start"
    }
  ]
}
```

次に、launch.json を作成します。.vscode 以下に次のファイルを作成

しましょう。

```
my-app/.vscode/launch.json
{
  "version": "0.2.0",
  "configurations": [
    {
      "type": "chrome",
      "request": "launch",
      "name": "Launch Chrome against localhost",
      "preLaunchTask": "npm: start",
      "url": "http://localhost:3000",
      "webRoot": "${workspaceFolder}/src",
      "sourceMapPathOverrides": {
        "webpack:///src/*": "${webRoot}/*"
      }
    }
  ]
}
```

　以降、ビルドコマンドは F5 キーのショートカットキーから実行でき
ます。

Reactプロジェクトのテスト

　Reactプロジェクトの動作をユニットテストで確認します。今回もJest
を用います。今回はReactプロジェクト作成時にJestをインストールして
いるため、あらためてインストールする必要はありません。
　先ほど生成したReactプロジェクトには、src/App.jsのテストコード
であるsrc/App.test.jsが含まれています。

```
my-app/src/App.test.js
// テスト用ライブラリのインポート
import { render, screen } from '@testing-library/react';
// テスト対象コンポーネントのインポート
import App from './App';

// テスト名を定義
test('renders learn react link', () => {
  // renderでAppの内容を取得
  render(<App />);
  // screen.getByTextでAppの中の文字列を取得
  const linkElement = screen.getByText(/learn react/i);
```

```
  // linkElementが存在するかどうかを確認
  expect(linkElement).toBeInTheDocument();
});
```

　Jest拡張機能をインストールしている場合は、前節と同様に自動実行されます。JavaScriptと同様に、ファイル横の「✓」や「テスト」アイコン（ $\underline{\Delta}$ ）からテストを実行できます。コマンドラインから実行する場合は、自動生成された package.json が定義している npm run test コマンドを実行します。出力が増えていますが、qキーでテストを終了できます。

```
$ npm run test
PASS  src/App.test.js
  ✓ renders learn react link (14 ms)

Test Suites: 1 passed, 1 total
Tests:       1 passed, 1 total
Snapshots:   0 total
Time:        0.166 s, estimated 1 s
Ran all test suites related to changed files.

Watch Usage
  Press a to run all tests.
  Press f to run only failed tests.
  Press q to quit watch mode.
  Press p to filter by a filename regex pattern.
  Press t to filter by a test name regex pattern.
  Press Enter to trigger a test run.
```

6.5

まとめ

　本章では、JavaScriptとTypeScriptを利用した開発について紹介しました。
　どちらの言語も習熟には広いライブラリの知識が必要ですが、VS Code本体や拡張機能によって開発の難易度を下げられます。たとえば、今回はReactを使ったWebアプリケーション開発を紹介しましたが、モバイ

ルアプリケーション開発で利用される React Native[注16] にも応用できます。この場合は、拡張機能React Native Tools[注17] によってデバッグやコマンド実行機能を利用しましょう。TypeScriptによる本格的な開発に興味があれば、第9章、第10章で紹介する拡張機能開発にも取り組んでみてください。

注16　https://reactnative.dev/
注17　https://marketplace.visualstudio.com/items?itemName=msjsdiag.vscode-react-native

第 7 章

Javaによる開発

Javaは、昔から根強い人気のある言語です。Web開発のサーバーサイ
ドやAndroidアプリ開発で有名です。Javaの開発環境と言えばEclipse
やIntelliJ IDEAといったライバルも多いですが、VS Codeの拡張機能も
既存のIDEに負けない機能を提供しています。

本章では、Javaについて、基礎的な環境設定からSpring Bootを使っ
たWebアプリケーション開発の入り口まで紹介します。

7.1
Java環境のインストール

VS CodeでJavaを利用するには、Java用拡張機能とJavaの開発環境で
ある JDK (*Java Development Kit*) のインストールが必要です。

Javaの拡張機能

まずは、Javaの拡張機能からインストールします。ほかの言語と同様
に、Javaでも多くの拡張機能を利用できます。ここでは、特に重要な拡
張機能をインストールします。

■── Extension Pack for Java ── Java関連の拡張機能をまとめてインストール

まず、拡張機能の Extension Pack for Java[注1] をインストールしてください。
Extension Pack for Javaには、次の6つの拡張機能が含まれています。

- Language Support for Java by Red Hat (以下、Language Support for Java)
  - コードナビゲーション
  - コード補完
  - リファクタリング
  - スニペット

注1　https://marketplace.visualstudio.com/items?itemName=vscjava.vscode-java-pack

- **Debugger for Java**
  - デバッグ
- **Test Runner for Java**
  - JUnit/TestNG による実行およびデバッグ
- **Maven for Java**
  - Maven プロジェクトの自動生成
  - 依存関係の管理
- **Project Manager for Java**
  - プロジェクトビュー
  - プロジェクトの作成
  - リソースの管理
- **IntelliCode（第4章を参照）**

このうち、主となる「Language Support for Java by Red Hat」はRed Had が開発しています。それ以外の拡張機能はMicrosoftが開発し、Extension Pack for Java全体もMicrosoftが管理しています。

「Maven for Java」のMavenは、Javaのビルドツールです。Javaには複数のビルドツールがありますが、JetBrainsの調査[注2]によると、Mavenは最も利用されているJavaビルドツールです。また、Mavenは前章のJavaScriptにおけるnpmと同様に、パッケージマネージャとしても働きます。

本書では取り扱いませんが、Mavenの後発ツールとしてGradleもあります。GradleはMavenと比較して、設定の柔軟性やパフォーマンス、ユーザーエクスペリエンスを改善していると報告[注3]されています。Gradle の拡張機能はExtension Pack for Javaには含まれていませんので、Gradle を利用する場合はGradle for Java[注4]拡張機能を別途インストールする必要があります。こちらの拡張機能もMicrosoftが提供しています。

「Project Manager for Java」は、Javaプロジェクトに関する多くの機能を提供しています。たとえば、後述するJDKのインストール画面はこの拡張機能が提供しています。

注2　https://www.jetbrains.com/lp/devecosystem-2022/java/#which-build-systems-do-you-regularly-use-if-any-
注3　https://gradle.org/maven-vs-gradle/
注4　https://marketplace.visualstudio.com/items?itemName=vscjava.vscode-gradle

■—— **SonarLint** —— Javaコードのチェック

　Extension Pack for Java には 含 ま れ て い ま せ ん が、拡張機能 の SonarLint[注5] も有用です。SonarLint は、前章で紹介した ESLint と同じく、ソースコードを書いている最中に読みやすさ、セキュリティ、メンテナンス性を自動でチェックするリンターです。SonarLint は Java だけでなく、JavaScript、TypeScript、Python、PHP、HTML もサポートしています。

　図7.1 は、4つの警告が発生している例です。「問題」パネルには、System. out の利用や、複数行での初期化を非推奨する警告が表示されています。具体的な利用方法は後述します。

JDK —— Java開発のプログラムセット

　Java 開発に必須なのが JDK です。JDK は、Java で作成したコードをコンパイルし、実行するためのツール群がセットになった開発ツールです。

注5　https://marketplace.visualstudio.com/items?itemName=SonarSource.sonarlint-vscode

図7.1 ■ **SonarLint による警告**

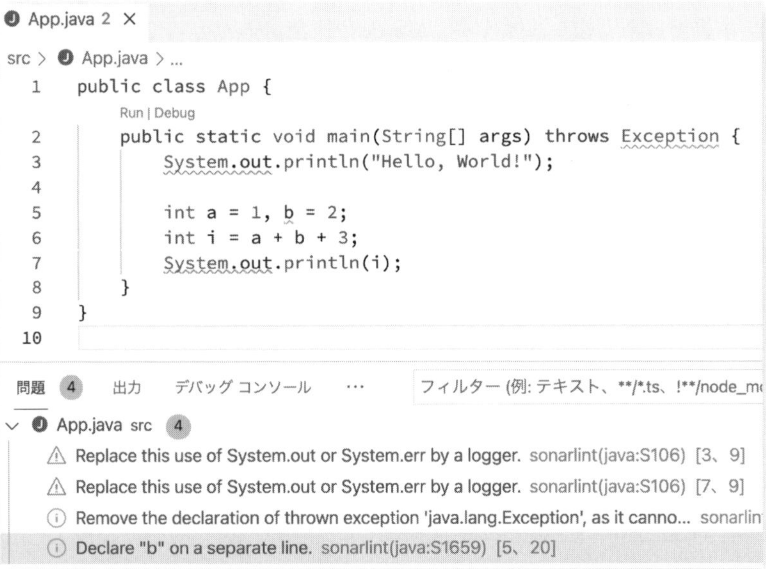

VS CodeでJavaのコード補完機能を利用するには、JDK 11以上が推奨されています。

JDKは複数の団体から配布されていますが、今回はVS CodeからダウンロードできるオープンOpenJDKを利用します。コマンドパレット（ F1 キー）から「Java: Install New JDK」を実行して、**図7.2**の画面を開きます。そのあと、インストールしたいOpenJDKを選び、「Download」（ダウンロード）を実行します。本章では今後のサポート期間が長い「OpenJDK 17 (LTS)」を利用します。ダウンロード後、インストールを行ってください。OpenJDKには多くのディストリビューション（配布形式）がありますが、執筆時点のデフォルトではEclipse Temurin[注6]をインストールします。Eclipse Temurinのインストール時には、**図7.3**のインストール画面が表示されます。

....

注6　https://projects.eclipse.org/projects/adoptium.temurin

図7.2 ■ ダウンロードする JDK の選択

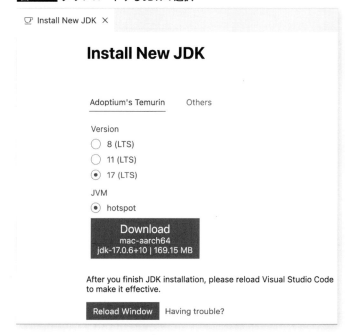

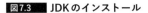

図7.3 JDKのインストール

7.2

Hello Java

本節でも、プログラムの慣習に従って、Hello, World! を出力するプログラムを作成しましょう。

Javaプロジェクトの作成

まずはプロジェクトを作成します。コマンドパレットから「Java: Create Java Project」を実行すると、作成するプロジェクトリストが表示されます。「No build tools」(ビルドツールなしで実装)を選択し、プロジェクトを作成する場所を選び、プロジェクト名として「hello-java」を入力しましょう。すると、次のフォルダ構成でプロジェクトが作成されます。

```
hello-javaプロジェクトのフォルダ構成
.
├─ lib        // 依存ライブラリの格納フォルダ
├─ src        // ソースコードの格納フォルダ
│  └─ App.java // Javaのソースコード
└─ README.md  // Javaプロジェクト開発のヘルプ
```

Javaファイルの編集

生成された src/App.java ファイルには、Hello, World! を出力する次のコードが書かれています。

```
hello-java/src/App.java
public class App {
    public static void main(String[] args) throws Exception {
        System.out.println("Hello, World!");
    }
}
```

Javaのコードチェック

ここでは、インストールした SonarLint と Extension Pack for Java 拡張機能を使ってコードチェックを行う方法を説明します。

■── SonarLintによるコードチェック

SonarLint 拡張機能をインストールすると、コードチェック機能が有効になります。たとえば先ほど作成した App.java の場合、**図7.4**に示すメッセージが System.out 上に表示されます。この警告は、一度の出力で終了する System.out の代わりに、専用のログで記録することを推奨するメッセージです。

電球をクリックしてもクイックフィックスは行われませんが、「SonarLint: Open description of rule 'java:S106'」を選択するとエディター右側にルールの詳細が表示されます。また、「SonarLint: Deactive rule 'java:S106'」を選んだ場合、その警告を無効化します。今回は、System.out を利用するため無効化しておきましょう。無効化したルールは VS Code の設定 sonarlint. rules から確認および編集できます。

図7.4　SonarLintによる警告

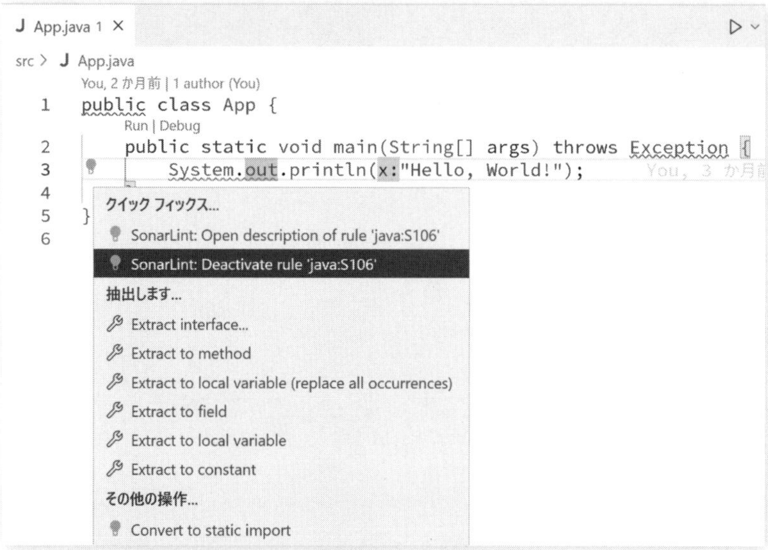

■── **Extension Pack for Javaによるコードの整形**

　続いて、Extension Pack for Javaによるコードの整形を設定します。VS
Codeの設定ファイルsettings.jsonを開き、java.format.settings.
profile、java.format.settings.url、[java]を設定してください。

```
hello-java/.vscode/settings.json
（省略）
"java.format.settings.profile": "GoogleStyle",
"java.format.settings.url": "https://raw.githubusercontent.com/google/stylegu
ide/gh-pages/eclipse-java-google-style.xml",
"[java]": {
    "editor.defaultFormatter": "redhat.java",
    "editor.formatOnSave": true
}
（省略）
```

　java.format.settings.profileでは、利用するフォーマットの方式を
設定します。今回はGoogleが定めたフォーマットであるGoogleStyle[注7]

注7　https://google.github.io/styleguide/javaguide.html

を指定しています。

`java.format.settings.url`では、利用するフォーマットが参照するURLを設定します。ここでも GoogleStyle を指定します。

続く [java] 項目内では、前章の Prettier と同じく、利用するフォーマット用ツールの指定とファイル保存時のフォーマット設定を行っています。

設定完了後、`Random.java`を作成してください。このコードは無駄な改行をわざと行っています。

`hello-java/src/Random.java`
```java
public class Random {
    public static void main(String[] args) throws Exception {
        System.out.println(Double.toString(
                Math.floor(Math.random()
                * 100
                )));
    }
}
```

ファイルを保存すると、次に示すコードにフォーマットしてくれます。

`hello-java/src/Random.java`
```java
public class Random {
    public static void main(String[] args) throws Exception {
        System.out.println(Double.toString(Math.floor(Math.random() * 100)));
    }
}
```

Javaの実行

通常、Javaコードを実行するときは、コードを実行可能なファイルに変換するコンパイルが必要です。Language Support for Java では、F5 もしくは**図7.5**右上に示す「実行」ボタン➡「Run Java」(Javaの実行)を押すだけで、コンパイルから実行までを行えます。

単一のメソッドのみを実行したい場合は、図7.5の1行目と2行目の間にある「Run | Debug」から「Run」ボタンをクリックします。「Run | Debug」ボタンなど、ソースコード中にコマンドまたは追加情報を与える機能を、VS Code では CodeLens と呼びます。

`App.java`の「Run」を実行し、下部の「ターミナル」パネルに Hello,

図7.5　Javaの「実行」ボタン

World! と表示されれば実行は成功です。

Javaのデバッグ

　プログラムの不具合箇所を特定するには、デバッグ機能を利用しましょう。

　前章と同様にブレークポイントを設定します。一時停止させたい行番号の左をクリックするか、カーソルを合わせて F9 を押すことでブレークポイントが設定され、**図7.6**左に示す赤い丸が表示されます。ブレークポイントは、再度クリックすることで解除できます。

　ブレークポイントを設定した状態でプログラムを実行すると、デバッグを行えます。**図7.7**では、簡単な演算を行うプログラムを App.java に追加し、デバッグしています。Javaでは、ブレークポイント時点までの

図7.6　Javaのブレークポイント設定

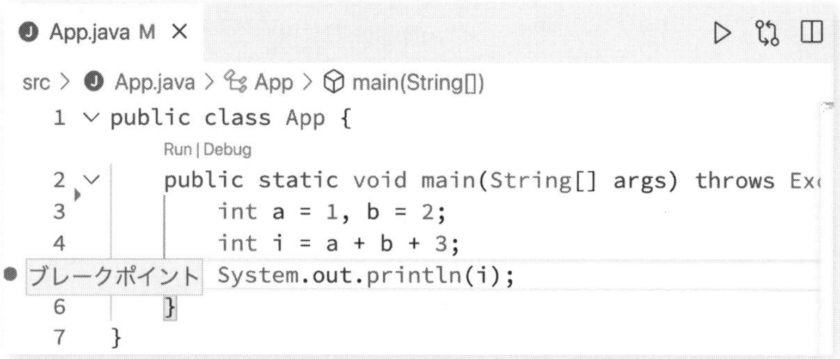

```
J App.java M  ✕                                    ▷  ⁛  ⬚

src  >  J App.java  >  ⁛ App  >  ⬡ main(String[])
  1 ∨ public class App {
         Run | Debug
  2 ∨     public static void main(String[] args) throws Ex
  3 ▸         int a = 1, b = 2;
  4           int i = a + b + 3;
● ブレークポイント  System.out.println(i);
  6       }
  7 }
```

図7.7　Javaのデバッグ画面

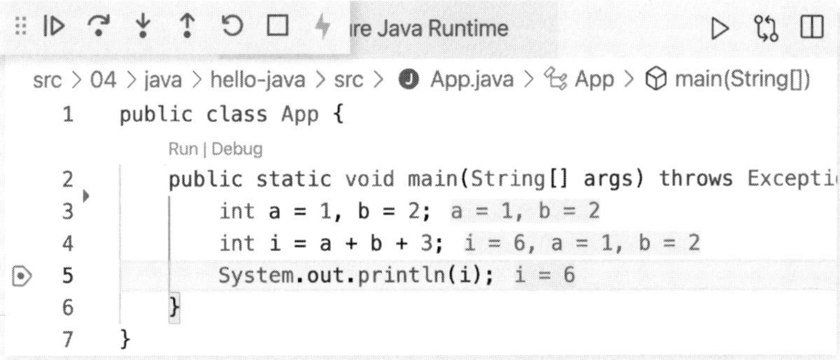

各行で利用した値がコードの右に表示されます。図7.7左上のツールバーには、前章と同様に「続行」や「ステップオーバー」ボタンが表示されます。Javaではそれらに加え、「ホットコード置換」というデバッグ中に編集した内容を反映させるボタンが右端に追加されています。

デバッグが終わったら、「停止」ボタンをクリックしましょう。

Javaのテスト

Test Runner for Javaでは、JUnit 4[注8]（JUnit）、JUnit 5[注9]（JUnit Jupiter）、TestNG[注10]の3種類のJavaテストフレームワークをサポートしています。今回はその中でもJUnit 5を使ったテスト方法を紹介します。

まずは、先ほど作ったhello-javaプロジェクトで、テストを行うための環境を準備します。アクティビティバーの「テスト」をクリックして、「Enable Java Tests」ボタンをクリックします。**図7.8**に示す入力ボックスが表示されるため、利用するフレームワークから「JUnit Jupiter」を選択します。選択後、lib フォルダに junit-platform-console-standalone-xxxx.jar（xxxxはバージョンで執筆時点では1.9.2）が追加されます。

続いて、バブルソートによって並び替えを行うコードである Sort.java を作成します。

注8　https://junit.org/junit4/
注9　https://junit.org/junit5/
注10　https://testng.org/doc/

図7.8　JUnit Jupiter のインストール

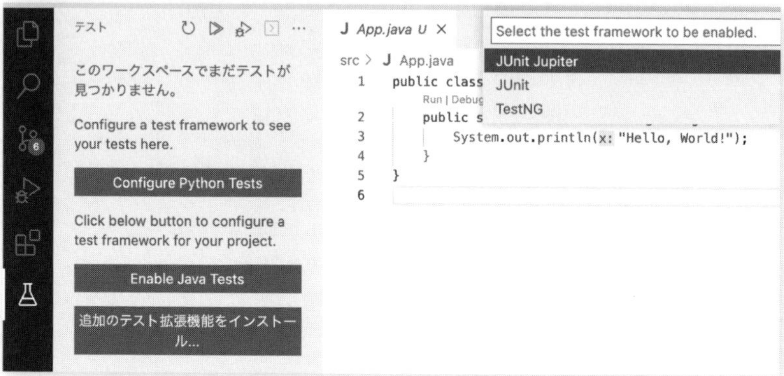

```
hello-java/src/Sort.java
public class Sort {
    void bubbleSort(int[] arr) {
        for (int i = 0; i < arr.length - 1; i++)
            for (int j = 0; j < arr.length - i - 1; j++)
                if (arr[j] > arr[j + 1]) {
                    int temp = arr[j];
                    arr[j] = arr[j + 1];
                    arr[j + 1] = temp;
                }
    }

    public static void main(String[] args) throws Exception {
        int[] arr = {2, 3, 5, 4, 1};
        new Sort().bubbleSort(arr);
        for (int i = 0; i < arr.length; i++)
            System.out.println(arr[i]);
    }
}
```

さらに、Sort.javaをテストするコードである TestSort.javaを作成します。

```
hello-java/src/TestSort.java
// テストに必要なクラスをインポートする
import static org.junit.jupiter.api.Assertions.assertEquals;

// JUnit 5の@Testアノテーションを使用する
import org.junit.jupiter.api.DisplayName;
import org.junit.jupiter.api.Test;
```

```
public class TestSort {

    @Test
    @DisplayName("Test bubble sort")
    void testBubbleSort() {
        int[] arr = {3, 2, 1};
        Sort sort = new Sort();
        sort.bubbleSort(arr);
        // 今回は短い配列なので要素を1つずつ比較するだけでOK
        assertEquals(1, arr[0]);
        assertEquals(2, arr[1]);
        assertEquals(3, arr[2]);
    }
}
```

　再度「Enable Java Tests」を実行すると、テストが実行されます。Test Runner for Javaをインストールしている場合は、前章と同様にテストが自動実行されます。テストに成功した場合、行番号の横に「✓」が表示されます。また、アクティビティバーを介さずとも、通常のJavaと同様にファイル右上の「実行」ボタンからもテストを実行できます。

7.3

Spring BootによるWebアプリケーション開発

　Spring Bootは、Java言語で利用可能なWebフレームワークです。Spring Bootは、JavaのWebフレームワークであるSpring Frameworkをベースに開発されており、Spring Frameworkよりも学習コストが低く、環境構築も手軽です。

Spring Boot Extension Packのインストール

　MarketplaceではSpring Bootの拡張機能がいくつか配布されています。その中でも今回は、主要な拡張機能3つがセットになったSpring Boot

Extension Pack[注11]拡張機能をインストールしましょう。この拡張機能は Spring Bootの開発元である VMware が提供しています。

Spring Boot Extension Pack には、次の3つの拡張機能が含まれています。

- **Spring Boot**
  - Spring Boot用のコード補完
  - Spring Boot用CodeLens
- **Spring Initializr Java Support**[注12]
  - 簡単なSprint Boot プロジェクトの作成
- **Spring Boot Dashboard**
  - サイドバーにSpring Bootの実行、停止用ダッシュボードを配置

Springプロジェクトの作成

ここでは、公式ドキュメント[注13]に記載されている Spring Boot プロジェクトの作成方法を紹介します。

まず使用するのは、Spring Initializr Java Support 拡張機能です。コマンドパレットから「Spring Initializr: Create a Maven Project...」を実行し、Maven プロジェクトを作成します。コマンド実行後、入力ボックスが複数回出現します。今回は、**表7.1** に示す設定を上から順に選択すること

注11　https://marketplace.visualstudio.com/items?itemName=pivotal.vscode-boot-dev-pack
注12　https://marketplace.visualstudio.com/items?itemName=vscjava.vscode-spring-initializr
注13　https://spring.io/guides/gs/spring-boot/

表7.1　Springプロジェクトの設定項目

設定項目	内容
Spring Bootのバージョン	3.0.4（安定版）
利用する言語	Java
Group id	com.example
プロジェクト名	demo
パッケージタイプ	Jar
Javaのバージョン	17
依存関係	Spring Web

で、Mavenプロジェクトを作成します。

　プロジェクトの作成が完了すると、VS Codeの右下に「Successfully generated」と表示されます。このとき、2つのパッケージ spring-boot-starter-web[注14]と spring-boot-starter-test[注15]がプロジェクトにインストールされています。spring-boot-starter-webは、Spring BootでWebアプリケーションを開発するためのパッケージです。spring-boot-starter-testは、Spring Bootアプリケーションのテスト用パッケージです。

　プロジェクトの生成が完了したら「Open」をクリックし、プロジェクトを開きましょう。次のファイル構成でSpringプロジェクトを管理します。

```
Springプロジェクトのフォルダ構成
.
├─ src      // ソースコードの格納フォルダ
│  ├─ main/java/com/example/demo // ソースコードの格納フォルダ
│  │  ├─ DemoApplication.java   // アプリケーションを管理するファイル
│  │  └─ HelloController.java   // アプリケーションの表示を定義したファイル
│  │                            // （あとで作成）
│  └─ test/java/com/example/demo    // テストファイル管理フォルダ
│     └─ DemoApplicationTests.java // DemoApplicationのテストコード
├─ HELP.md // Springプロジェクト開発のヘルプファイル
└─ pom.xml // パッケージなどのメタ情報管理ファイル
```

　なお、前節で利用したSonarLintやExtension Pack for Javaによるコードチェックはそのまま利用できます。

Springプロジェクトの開発

　今回は、Hello World, Spring Boot!を表示します。初期設定のファイルでは動作しないので、次のHelloController.javaを作成します。このファイルは、画面に表示する文字列の定義を行っています。

```
demo/src/main/java/com/example/demo/HelloController.java
package com.example.demo;

import org.springframework.web.bind.annotation.GetMapping;
import org.springframework.web.bind.annotation.RestController;
```

注14 https://mvnrepository.com/artifact/org.springframework.boot/spring-boot-starter-web
注15 https://mvnrepository.com/artifact/org.springframework.boot/spring-boot-starter-test

```
@RestController
public class HelloController {

  @GetMapping("/")
  public String index() {
    return "Hello World, Spring Boot!";
  }
}
```

続いて、DemoApplication.javaを次のように編集します。ここでは2
つの変更を行っています。一つは、HelloControllerをDemoApplication
に組み込むcommandLineRunnerメソッドの定義です。もう一つは、
commandLineRunnerを利用するためのimport文の追加です。

`demo/src/main/java/com/example/demo/DemoApplication.java`

```
package com.example.demo;

import java.util.Arrays;

// commandLineRunner用のimport
import org.springframework.boot.CommandLineRunner;
import org.springframework.boot.SpringApplication;
import org.springframework.boot.autoconfigure.SpringBootApplication;
import org.springframework.context.ApplicationContext;
import org.springframework.context.annotation.Bean;

@SpringBootApplication
public class DemoApplication {

  public static void main(String[] args) {
    SpringApplication.run(DemoApplication.class, args);
  }

  @Bean
  // 追加したメソッド
  public CommandLineRunner commandLineRunner(ApplicationContext ctx) {
    return args -> {

      System.out.println("Let's inspect the beans provided by Spring Boot:");

      String[] beanNames = ctx.getBeanDefinitionNames();
      Arrays.sort(beanNames);
      for (String beanName : beanNames) {
        System.out.println(beanName);
      }
```

```
    };
  }

}
```

Springプロジェクトの実行

　サイドバーから「実行とデバッグ」を選択、もしくは F5 キーを入力することで、Spring Bootプロジェクトを実行します。ブラウザから http://localhost:8080/ にアクセスすることで、作成したアプリケーションを確認できます（図7.9）。

Springプロジェクトのテスト

　Springプロジェクトをテストでも、前節で利用したJUnit 5を使用します。ここでも Extension Pack for Javaの機能を利用してテストを行います。
　先ほど自動生成されたテストファイル DemoApplicationTests.java を確認しましょう。このテストは、contextLoads を呼び出すことでアプリケーションが最低限開始できるかどうかをチェックするものです。

図7.9 ■ Springプロジェクトアプリケーション起動画面

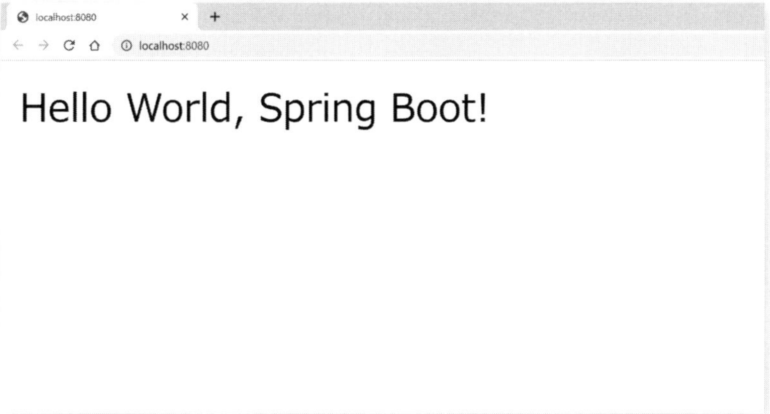

Hello World, Spring Boot!

```
demo/src/test/java/com/example/demo/DemoApplicationTests.java
package com.example.demo;

import org.junit.jupiter.api.Test;
import org.springframework.boot.test.context.SpringBootTest;

@SpringBootTest
class DemoApplicationTests {

  @Test
  void contextLoads() {
  }
}
```

　DemoApplicationTests.java を編集し、より具体的なテストを実行し
てみましょう。次のコードでは、2つのテストを行います。まず、
contextLoads内でHelloControllerの内容が存在することを検証します。
次に、helloShouldReturnDefaultMessage内でHello World, Spring
Boot! が表示されるかを検証します。

```
demo/src/test/java/com/example/demo/DemoApplicationTests.java
package com.example.demo;

import static org.assertj.core.api.Assertions.assertThat;

import org.junit.jupiter.api.Test;
import org.springframework.beans.factory.annotation.Autowired;
import org.springframework.boot.test.context.SpringBootTest;
import org.springframework.boot.test.context.SpringBootTest.WebEnvironment;
import org.springframework.boot.test.web.client.TestRestTemplate;

@SpringBootTest(webEnvironment = WebEnvironment.RANDOM_PORT)
class DemoApplicationTests {

  @Autowired
  private HelloController controller;

  @Test
  void contextLoads() {
    assertThat(controller).isNotNull();
  }

  @Autowired
  private TestRestTemplate restTemplate;

  @Test
```

```
public void helloShouldReturnDefaultMessage() throws Exception {
  String body = this.restTemplate.getForObject("/", String.class);
  assertThat(body).contains("Hello World, Spring Boot!");
}
}
```

　テストを行うにはアクティビティバーの「テスト」をクリックして、「demo」横の「実行」ボタンを選択します。もしくは行番号横の「✓」のクリックでも実行できます。前節と同様、Test Runner for Javaをインストールしている場合はテストが自動実行されます。成功した場合、たとえばHello World, Spring Boot!の部分を別の単語に変更すると、テストに失敗することを確認できます。

7.4

まとめ

　本章では、Javaの環境構築方法やコードの実行方法、Spring Bootを使ったアプリケーションの開発について紹介しました。
　Javaをサポートするエディターは数多くありますが、VS Codeで開発を行うことで、CopilotやGitHubなどの拡張機能を併用した開発が行えます。既存のIDEからVS Codeに移行する場合は、Eclipse[注16]やIntelliJ IDEA[注17]のキーマップもお試しください。

注16　https://marketplace.visualstudio.com/items?itemName=alphabotsec.vscode-eclipse-keybindings

注17　https://marketplace.visualstudio.com/items?itemName=k--kato.intellij-idea-keybindings

第 **8** 章

Pythonによる開発

　近年人気のPythonは、サーバーサイドのWeb開発や機械学習で有名です。2020年から基本情報技術者試験の選択プログラミング問題でも採用されました。Pythonを快適に利用するため、VS Codeの拡張機能はコード補完やデバッグなど強力なサポートを提供しています。

　本章では、Pythonついて、基礎的な環境設定からJupyter Notebookを使ったデータ分析の入り口まで紹介します。

8.1

Python環境のインストール

　VS CodeでPythonを利用するために、PythonインタプリタとPythonコードのチェックや整形ツール、Python用拡張機能をインストールしましょう。

Pythonインタプリタ

　Pythonインタプリタとは、Pythonプログラムを実行するためのソフトウェアです。PythonインタプリタはWebページ[注1]からダウンロードしてインストールできるほか、WindowsであればMicrosoft Storeから、macOSであればHomebrew[注2]からもインストールできます。お好きな方法でインストールしてください。本章ではPython 3.11.3を利用します。

Pylint —— Pythonコードのチェック

　動的型付け（型を実行時に決める）言語であるPythonでは、実行前にバグを見つけることが難しいです。後述するPython拡張機能では多くのコードチェックツールをサポートしています。

注1　https://www.python.org/downloads/
注2　https://brew.sh/

Pylint[注3]はその中でも、最も普及しているリンターです。Python標準の PyPI (*Python Package Index*)[注4]を利用して、次のコマンドでインストールします。

```
Windowsの場合
$ pip install pylint

macOS、Linuxの場合
$ sudo -H pip3 install pylint
```

具体的な利用方法は後述します。

autopep8 ── Pythonコードの整形

Pythonは、インデント(空白)が文法として括弧と同等の意味を持ちます。そのためフォーマットの環境が重要で、多くのフォーマッタが提案されています。

本章ではそのうち、後述する Python 拡張機能がデフォルトで採用している autopep8[注5]を使用します。次のコマンドでインストールします。

```
Windowsの場合
$ pip install autopep8

macOS、Linuxの場合
$ sudo -H pip3 install autopep8
```

具体的な利用方法は後述します。

autopep8 以外にも Python では、人気の高い black[注6]や Google 製の yapf[注7]が利用されています。インストールは前述の autopep8 をそれぞれのツール名に書き換えるだけで、利用方法もおおよそ autopep8 と同様です。それぞれ試して、自分に合ったものを利用しましょう。

注3　https://www.pylint.org/
注4　https://pypi.org/
注5　https://pypi.org/project/autopep8/
注6　https://github.com/psf/black
注7　https://github.com/google/yapf

Pythonの拡張機能

Pythonでも多くの拡張機能を利用できます。ここでは、Python拡張機能をインストールします。

■── **Python拡張機能** ── コード補完とPython関連の拡張機能をまとめてインストール

Python拡張機能[注8] をインストールしてください。この拡張機能はもともと Don Jayamanne[注9] さんが個人で開発していましたが、現在は Microsoft が管理しています。この拡張機能は、執筆時点で最もインストールされている拡張機能でもあります。

この拡張機能には、Python の標準機能に加えて、Pylance と Jupyter Notebook の2つの拡張機能が含まれています。これら3つの Python 拡張機能には、次の機能が含まれています。

- **Python拡張機能本体**
  - コード補完
  - リファクタリング
  - デバッグ
  - コードチェック（Pylint、Flake8[注10] など）
  - コードフォーマット（autopep、black など）
- **Pylance**
  - コードチェック（Pyright[注11]）
  - シンタックスハイライトの改善
- **Jupyter Notebook**
  - Jupyter Notebook[注12] のインタフェースおよびデバッグサポート

それぞれの具体的な利用方法は後述します。

注8　https://marketplace.visualstudio.com/items?itemName=ms-python.python
注9　https://github.com/DonJayamanne
注10　https://flake8.pycqa.org/en/latest/
注11　https://github.com/microsoft/pyright
注12　https://jupyter-notebook.readthedocs.io/en/latest/

8.2

Hello Python

まずは、Python でも Hello, World! を出力するプログラムを作成しましょう。

Python作業用フォルダの作成

Python のソースコードファイルを管理するフォルダを作ります。VS Code のエクスプローラーか次のコマンドを使って hello-python フォルダを作成し、VS Code で開きます。

```
$ mkdir hello-python
$ code hello-python
```

Pythonファイルの編集

ワークスペース内に hello.py ファイルを作成し、次のコードを記述します。

hello-python/hello.py
```python
message = "Hello, World!"
print(message)
```

単純なコードですが、この短いプログラムを書くだけでも、message や print のコード補完、ダブルクオート(")の自動囲い込みなどの機能を体験できます。

また、JavaScript や Java では実装されていたスニペットですが、Python ではコード補完との混合を避けるため廃止されています。必要であれば、古い Python のスニペットは GitHub の履歴[注13]から取得できます。このスニペットを使用する際は、2.4節で紹介したスニペットの設定方法を参照しながら追加してください。

注13 https://github.com/microsoft/vscode-python/blob/2020.12.424452561/snippets/python.json

Pythonのコードチェック

ここでは、インストールしたPyLintとPylance拡張機能を使ってコードチェックを行える環境を設定します。また、autopep8を使ったコードの整形を行います。

■── Pylintによるコードチェック

Pythonのコードチェックを行うには、VS Codeの設定でPylintを有効にします。「ファイル」➡「設定」から設定ファイルの`settings.json`を開き、次のとおり編集しましょう。

hello-python/.vscode/settings.json

```
（省略）
"python.linting.pylintEnabled": true,
（省略）
```

設定が完了するとPylintによるコードチェックが有効になり、コードの問題がある箇所に波線を引いて警告してくれます。また、エディター下部の「問題」パネルにファイルごとの警告リストを表示します。**図8.1**は、

図8.1　Pylintによる警告

Pythonに不要なセミコロンを付けたときの警告例です。「問題」パネルには警告名「Unnecessary semicolon」が表示されています。

Pylint以外にもPython拡張機能がサポートしているコードチェックツールは多数存在します[注14]。たとえば、より細かいエラーをチェックするFlake8や、前章で紹介したSonarLintなどです。これらの警告内容がPylintと重複した場合は、settings.jsonのpython.linting.xxxから使用するツールを選別しましょう。

■── Pylanceによるコードチェック

Pylance拡張機能がサポートするPyright機能は、Pythonコードの編集中に変数の型を推測することで、静的型付き言語と同等のチェックを行います。Pylanceは、拡張機能をインストールした時点で設定を行わずに利用できます。

たとえば次の例では、「問題」パネルに型が一致していない旨の警告を出力します。

Pylanceでのエラーチェック
```
# 整数型変数に小数点付きの値を代入
b: int = 3.4

# intまたはfloat型にそれ以外の値を代入
c: Union[int, float] = 3.4
c = ""
```

■── autopep8によるコードの整形

autopep8によるフォーマットを行います。設定ファイルsettings.jsonを開き、次の設定項目を追加してください。

hello-python/.vscode/settings.json
```
（省略）
"[python]": {
    "editor.defaultFormatter": "ms-python.python",
    "editor.formatOnSave": true
}
（省略）
```

注14 https://code.visualstudio.com/docs/python/linting#_specific-linters

ここでは第6章のPrettierと同様に、利用するフォーマット用拡張機能と、ファイル保存時にフォーマットを行う設定を行っています。

autopep8以外のフォーマットツールであるblackやyapfを利用する場合は、インストールしたうえで、次のようにsettings.jsonのpython.formatting.providerで利用するツールを設定しましょう。

hello-python/.vscode/settings.json

```
（省略）
"python.formatting.provider": "black"
（省略）
```

Pythonの実行

図8.2右上に示す緑色の横三角の「実行」ボタンを押すと、Pythonのソースコードを実行できます。下部のターミナルから、次のコマンドで実行することもできます。

```
$ python3 hello.py
```

いずれの場合も、「ターミナル」パネルにHello, World!と表示されれば実行は成功です。

Pythonのデバッグ

プログラムの不具合箇所を特定するには、デバッグ機能を利用しましょう。簡単なPythonのデバッグではprint文による値確認も効果的です。ここで紹介するVS Codeのデバッグ機能を利用すれば、ソースコードを変更せずに、より多くの情報を一度の実行で得られます。

ブレークポイントの設定方法や解除方法は前章や前々章と同じで、行

図8.2 Pythonの「実行」ボタン

番号横のクリックまたは F9 から行えます。

デバッグの実行は、 F5 ➡️「Python File」で行います。Java とは異なり、現時点ではコード右側での値の表示機能はありません。そのため、Pythonでは**図8.3**左の「実行とデバッグ」サイドバーで値を確認します。図8.3では、変数messageの中身を表示しています。図8.3のツールバーのボタンの意味はJavaScriptやJavaと同じですが、Pythonには「ホットコード置換」ボタンはありません。

デバッグが終わったら、「停止」ボタンをクリックしましょう。

▎Pythonのテスト

Python拡張機能では、Pythonに標準で組み込まれているunittestとサードパーティ製のpytestをサポートしています。どちらも、Python共通のassert文を使用してテストを実行できます。今回は、扱いが簡単なpytestを利用したテスト方法を紹介します。

まずは、pytestを行う環境を設定します。コマンドパレット（ F1 キー）から「Python：テストを構成する」を実行し、そのあとpytest➡️. Root directoryを選択します。コマンドが成功するとキャッシュを格納する__pycache__フォルダと、テストの設定を保存した.vscode/settings. jsonが作成されます。

次に、テスト対象としてバブルソートを行うコードsort.pyを作成しましょう。

図8.3 ▎ Python のデバッグ画面

```
hello-python/sort.py
def bubble_sort(arr):
    for _ in range(len(arr)):
        for j in range(len(arr) - 1):
            if arr[j] > arr[j+1]:
                arr[j], arr[j+1] = arr[j+1], arr[j]
    return arr

array = [2, 3, 5, 4, 1]
array = bubble_sort(array)
for element in array:
    print(element)
```

　続いて、このコードのbubble_sort関数をテストするsort_test.pyを
作成します。JavaScriptやJavaで作成したコードと比べて短いですが、こ
れで完成です。

```
hello-python/sort_test.py
import sort     # テスト対象を呼び出す

def test_bubbleSort():
    assert sort.bubble_sort([3, 2, 1]) == [1, 2, 3]
```

　行番号右の「デバッグ」アイコン（🐞▷）でテストを実行できます。また、
アクティビティバーの「テスト」アイコン（🧪）からもテストを実行できま
す。前章までと異なり、テストは自動的には実行されません。テストが
成功した場合、ファイルの行番号横に「✓」が表示されます。

8.3

Jupyter Notebookによるデータ分析

　Pythonは近年、データサイエンスでもよく利用されるようになっています。本節では、データサイエンスで広く使われているJupyter Notebookによるデータ分析の環境設定を行います。Python拡張機能に含まれているJupyter Notebook拡張機能が提供するインタラクティブウィンドウによって、Jupyter Notebookを使いこなしましょう。

jupyterとmatplotlib、numpyのインストール

　Jupyter Notebookを使用するために必要なパッケージjupyterをインストールします。また、今回作成するプログラムでは、データサイエンス需要で人気のパッケージであるmatplotlibとnumpyを使用するため、これらもインストールします。matplotlibは、数値解析ソフトMATLABのグラフ描画に似た出力を行うライブラリです。numpyは、数値計算ライブラリです。matplotlibに同梱されています。

　Pylintと同様に、次のコマンドでインストールします。

```
Windowsの場合
$ pip install jupyter matplotlib
macOS、Linuxの場合
$ sudo -H pip3 install jupyter matplotlib
```

Jupyter Notebook作業用フォルダの準備

　前章のSpringや前々章のReactとは異なり多くのファイルは作成しないため、前節のhello.pyと同じフォルダで作業しても大丈夫です。気になる場合はVS Codeのエクスプローラーか次のコマンドを使ってhello-jupyterフォルダを作成し、VS Codeで開きましょう。

```
$ mkdir hello-jupyter
$ code hello-jupyter
```

VS Code で Jupyter Notebook を利用するには、2つの方法があります。一つは、Jupyter Notebook ファイルを利用する方法です。もう一つは、Python ファイルを利用する方法です。以降で順に解説します。

Jupyter Notebookファイルでの開発と実行

まずは、Jupyter Notebook ファイル（拡張子 .ipynb）で開発する方法を紹介します。Jupyter Notebook ファイルを使って開発することで、コードと実行結果を同時に保存できます。

ただし、Jupyter Notebook の UI は特殊なため、前節で解説したデバッグ機能やコードチェック機能は利用できません。

■── 開発

ワークスペース内で hello.ipynb ファイルを作成する、もしくはコマンドパレットから「Create: New Jupyter Notebook」を実行し、hello.ipynb ファイルを保存します。

作成したファイルを開くと、**図8.4** に示すウィンドウがファイル内に表示されます。このウィンドウのことを「インタラクティブウィンドウ」と呼び、この中の四角い入力部分を「セル」と呼びます。

セルの中に、Hello, Jupyter Notebook と表示される print 文を書いてみましょう。

`hello-jupyter/hello.ipynb`
```
output = "Hello, Jupyter Notebook"
print(output)
```

図8.4　**Jupyter Notebook の画面**

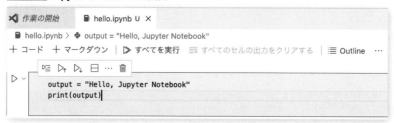

■——実行

実行する前に、利用するPythonカーネルを選択する必要があります。**図8.5**右上の「カーネルの選択」から利用するPythonカーネルを選択します。先ほどインストールしたPython 3.11.3を選択してください。選択が完了すると、右上に利用するPythonカーネルが表示されます。

Jupyter Notebookの実行では、主に「セルの実行」と「すべてを実行」の2つが利用しやすいです。

セルを実行するには、**図8.6**の左にある「実行」ボタンをクリックするだけです。⌊Ctrl⌋＋⌊Enter⌋（Windows、macOS共通）でも実行できます。実行すると、セルの下にHello, Jupyter Notebook と表示されます。

実行後、新しいセルが下に追加されます。追加されたセルも個別に実行でき、変数outputなど前のセルで実行された情報を引き継げます。追加されたセルに次のコードを記述し、実行してみましょう。今度はHello, Jupyter Notebook! と表示されます。

図8.5 ■ Pythonカーネルの選択

図8.6 ■ セルの実行結果

```
hello-jupyter/hello.ipynb
print(output + "!")
```

　すべてを実行するには、図8.6の「すべてを実行」ボタンをクリックします。実行すると、ファイルの先頭からすべてのセルが実行され、各セルの下へ出力されます。

Pythonファイルでの開発と実行

　次に、Pythonファイルで開発する方法を紹介します。Pythonファイルで Jupyter Notebookを利用することで、前節のデバッグ機能やコードチェック機能が利用できます。

■──開発

　Pythonファイルのソースコードを#%% コメントで区切ることで、セルの区切りである「コードセル」を作成できます。
　ここでは少し本格的なプログラムにしましょう。Pythonファイルである standardplot.pyを作成し、波線画像を描画する次のコードを記述します。

```
hello-jupyter/standardplot.py
#%% [markdown]
# ## 結果の可視化
#
# ここのコメント文はMarkdown形式で保存できます

#%%
import matplotlib.pyplot as plt
import numpy as np

#%%
# 等間隔の数値リストを生成
x = np.linspace(0, 20, 100)
# sin値を用いたプロットの表示
plt.plot(x, np.sin(x))
# プロットの表示
plt.show()
```

■―― 実行

　図8.7左にあるCodeLensの各「セルの実行」をクリックすると、#%%以降の行から次の#%%またはファイル終端までをJupyter Notebook上で実行します。実行結果は、エディター右側のインタラクティブウィンドウへ出力されます。また、今回の1行目のように[markdown]と入力すれば、コメント文の内容も結果として表示されます。図8.7右は、すべての「セルの実行」をクリックした結果です。sin関数を用いて1.0と-1.0を行き来するので、波線グラフが出力されています。

■―― PythonファイルからJupyter Notebookファイルへの保存

　図8.7のコードと実行結果をJupyter Notebookファイルとして保存するには、**図8.8**の「保存」ボタンをクリックします。ほかのコマンドでメニューから隠れている場合は、「…」ボタンから探しましょう。ファイルの保存場所を選択すれば保存完了です。

図8.7　　波線グラフの描画

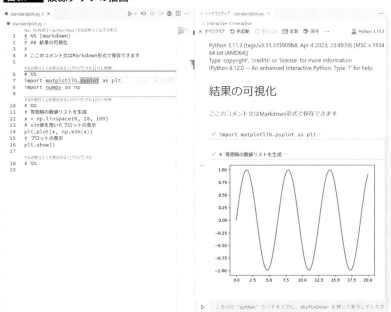

図8.8　セル実行結果の保存

Jupyter Notebookのテスト

　Jupyter Notebookファイルでは、前節で解説したテストフレームワークを使ったテストは行えません。Pythonファイルでは前節で解説したテストフレームワークを利用できますが、ここではJupyter NotebookファイルでもPythonファイルでも利用できるセルの実行によるテストの方法を解説します。

　セルの実行によるテストでは、Pythonの標準機能であるassert文を使用して一つ一つのコードを検証します。先ほどのstandardplot.pyを次のように編集し、テストしましょう。

```
hello-jupyter/standardplot.py
（省略）
#%%
# 等間隔の数値リストを生成
x = np.linspace(0, 20, 100)
# xの長さが100であるか確認
assert len(x) == 100, "xの長さが100ではありません"
# xの最初の要素が0であるか確認
assert x[0] == 0, "xの最初の要素が0ではありません"
# xの最後の要素が20であるか確認
assert x[99] == 20, "xの最後の要素が20ではありません"
# sin値を用いたプロットの表示
plt.plot(x, np.sin(x))
# プロットの表示
plt.show()
```

　テストが通ると、先ほどと同様にグラフが表示されます。

　次に、テストに失敗する次のコードをわざと追加してみましょう。

```
hello-jupyter/standardplot.py
（省略）
# xの最後の要素が10であることを確認
assert x[99] == 10, "xの中心の要素が10ではありません"
（省略）
```

　テストに失敗すると、assert文の第2引数が**図8.9**に示すエラーメッセージとして表示されます。

図8.9 テスト失敗時のメッセージ

⊗ # 等間隔の数値リストを生成 …

```
···        ----------------------------------------------------------------
           -----------
           AssertionError                          Traceback (most recent
           call last)
           Input In [32], in <cell line: 11>()
                9 assert x[99] == 20, "xの最後の要素が20ではありません"
               10 # xの最後の要素が10であることを確認
           ---> 11 assert x[99] == 10, "xの中心の要素が10ではありません"
               12 # sin値を用いたプロットの表示
               13 plt.plot(x, np.sin(x))

           AssertionError: xの中心の要素が10ではありません
```

▷   こちらに 'python' コードを入力し、⇧Enter を押して実行してください

8.4

まとめ

　本章では、Pythonの環境構築方法やコードの実行方法、Jupyter Notebook を使ったデータ分析について紹介しました。

　今回紹介したもの以外にも、Python関連の拡張機能にはさまざま機能 が備わっています。たとえば、機械学習フレームワークを用いたより本 格的なデータ解析としては、Python拡張機能でTensorBoard[注15]やPyTorch Profiler[注16]のインストールやデータビューワー機能が提供されています。 また、第6章、第7章でも扱ったWebアプリケーション開発としては、 PythonのWebフレームワークであるDjango拡張機能[注17]によるスニペッ トやシンタックスハイライトが提供されています。

....

注15　https://www.tensorflow.org/tensorboard

注16　https://pytorch.org/blog/introducing-pytorch-profiler-the-new-and-improved-performance-
tool/#visual-studio-code-integration

注17　https://marketplace.visualstudio.com/items?itemName=batisteo.vscode-django

## 第 9 章

拡張機能開発入門

VS Code はもともと Web エディターだった経緯もあり、一般的な Web 開発と同様に、JavaScript や TypeScript を使って開発できます。VS Code の拡張機能も、JavaScript や TypeScript を用いて開発できます。

　本章では、拡張機能開発を通してエディターの動作をより理解し、自分の手で改良する技術を解説します。

9.1
拡張機能の自作

　設定や既存の拡張機能に欲しい機能を見つけたら、拡張機能を自作するチャンスです。拡張機能の開発と聞くと難しそうに聞こえるかもしれませんが、VS Code の拡張機能開発は、豊富な API ドキュメントやサポートツールのおかげで簡単に行えます。また、サンプルコードも豊富で Marketplace では 4 万件以上もの拡張機能が公開され、拡張機能開発者も約 2 万人いるため情報量は十分と言ってよいでしょう。

　VS Code の拡張機能開発で使うプログラミング言語は、JavaScript と TypeScript の 2 つが利用できます。今回は参考ドキュメントの多い TypeScript を利用します。JavaScript を利用する場合でも今回の実装手順はほとんど変わりません。

　以降では、環境構築から拡張機能の作成、Marketplace で公開するまでの手順を解説します。

9.2
拡張機能の開発環境のインストール

拡張機能を開発する環境を整えましょう。

　VS Code の拡張機能は、主に第 6 章で紹介した Node.js および TypeScript、ESLint を利用して開発します。このうち、TypeScript、ESLint

はあとでローカルインストールします。まだNode.jsをインストールして
いない場合は、6.1節に従ってインストールしてください。

Yeoman ── ソースコードを自動生成するツール

VS Codeの拡張機能開発に必要なファイルは十数ファイルほどありま
すが、ソースコード自動生成ツールのYeoman[注1]を使うとまとめて自動
生成できます。ここではYeomanと、Yeomanのテンプレートパッケージ
Yo Code[注2]をインストールします。本書ではYeomanのバージョン4.3.0、
Yo Codeのバージョン1.6.14を使用します。

```
$ npm install -g yo generator-code
```

具体的な利用方法は後述します。

Visual Studio Code Extension Manager
── 拡張機能のパッケージ化ツール

拡張機能のパッケージ化および公開には vsce（*Visual Studio Code Extension
Manager*）[注3]を使います。vsceのパッケージ名は、2022年10月にvsceか
ら @vscode/vsceに変更されました。vsce も Yeoman と同様に npm パッケ
ージですので、次のコマンドでインストールします。本書では @vscode/
vsceのバージョン2.16.0を使用します。

```
$ npm install -g @vscode/vsce
```

具体的な利用方法は後述します。

注1　https://yeoman.io/
注2　https://www.npmjs.com/package/generator-code
注3　https://www.npmjs.com/package/@vscode/vsce

9.3

Hello拡張機能

まずは、Hello World from Hello VSCode! と出力する拡張機能を作成
します。

拡張機能プロジェクトの作成

Yeomanの yo code コマンドで、VS Code の拡張機能のプロジェクトを
作成します。いくつか質問をされますが、以下と同様の選択、回答を行
ってください。以下では、TypeScriptを使った hello-vscode プロジェク
トを作成しています。最後の3つの質問は簡単なものを選びましたが、お
好みで選んでも大丈夫です。

```
Yeomanによる拡張機能プロジェクトの作成
$ yo code
拡張機能のタイプ
? What type of extension do you want to create?
New Extension (TypeScript)
拡張機能の名前
? What's the name of your extension?
Hello VSCode
拡張機能のID (全小文字)
? What's the identifier of your extension?
hello-vscode
拡張機能の説明
? What's the description of your extension?
 (空欄のまま)
Gitリポジトリを作成するか
? Initialize a git repository?
Yes
webpackを利用して作成するか?
? Bundle the source code with webpack?
No
パッケージマネージャーはnpm? それともyarn?
? Which package manager to use?
npm
```

※紙面での見やすさのため、質問と回答の間に改行を入れています

プロジェクト生成完了後、npm installが実行されます。これにより、

第6章でもインストールしたTypeScriptやESLintなどの開発用パッケージがローカルインストールされます。**表9.1**に各パッケージの詳細を示します。それぞれのパッケージのバージョンはpackage.jsonから確認できます。

```
hello-vscode/package.json
(省略)
"devDependencies": {
  "@types/vscode": "^1.67.0",
  "@types/glob": "^7.2.0",
  "@types/mocha": "^9.1.1",
  "@types/node": "16.x",
  "@typescript-eslint/eslint-plugin": "^5.27.0",
  "@typescript-eslint/parser": "^5.27.0",
  "eslint": "^8.16.0",
  "glob": "^8.0.3",
  "mocha": "^10.0.0",
  "typescript": "^4.7.2",
  "@vscode/test-electron": "^2.1.3"
}
(省略)
```

作成されたHello VS Codeプロジェクトのフォルダ構成は次のとおりです。下記では主なファイルのみを記載しています。

```
拡張機能のフォルダ構成
.
├── .vscode           // 拡張機能開発に使うVS Codeフォルダ
│   ├── extensions.json // 開発で利用する拡張機能の依存ファイル
│   ├── launch.json     // 拡張機能のデバッグ用コマンドを扱うファイル
│   ├── setting.json    // プロジェクトの設定ファイル
│   └── tasks.json      // ビルドおよびトランスパイル用タスクファイル
└── node_modules      // 依存パッケージの格納フォルダ
```

表9.1　yo codeでインストールされるnpmパッケージ

パッケージ	説明
eslint	ESLint（第6章を参照）
glob	ファイルをワイルドカード*で検索する（例：'**/**.test.js'）
mocha	Mocha（第6章を参照）
typescript	TypeScript（第6章を参照）
@vscode/test-electron	VS Codeをダウンロードから起動するまでのプロセスを実行

```
├─ out                    // トランスパイル結果の出力格納フォルダ
├─ src
│   ├─ extension.ts       // 拡張機能のソースコード
│   └─test
│       ├─ suite
│       │   ├─ index.ts          // ユニットテストの実行用コード
│       │   └─ extension.test.ts // ユニットテストコード
│       └─ runTest.ts     // テストコードのメインファイル
├─ .eslintrc.json         // ESLintの設定ファイル
├─ .gitignore             // Gitから除外するファイル群を管理するファイル
├─ .vscodeignore          // 拡張機能作成時に除外するファイル群を管理するファイル
├─ CHANGELOG.md           // ユーザーに向けた拡張機能の更新情報格納ファイル
├─ package-lock.json      // node_modulesを再現するための依存関係リスト
├─ package.json           // 拡張機能の依存関係、仕様を管理するファイル
├─ README.md              // 拡張機能の説明ファイル
├─ tsconfig.json          // TypeScriptのトランスパイル設定ファイル
└─ vsc-extension-quickstart.md // 拡張機能開発のHOWTOドキュメント
```

拡張機能の編集

　プロジェクトをVS Codeで開き、拡張機能のコードを見てみましょう。生成された src/extension.ts ファイルには、あらかじめ Hello World from Hello VSCode! を出力するコードが書かれています。次のコードは、紙面掲載用に簡略化し、日本語のコメントを付けたものです。

```
hello-vscode/src/extension.ts
// VS Code APIパッケージを'vscode'として利用
import { ExtensionContext,
         commands,
         window } from 'vscode';

// 拡張機能が起動したときに呼び出されるメソッド
export function activate(
    context: ExtensionContext) {

    // デバッグ用コンソールに起動したことを知らせる
    // エラー時はconsole.errorを利用する
    console.log('"hello-vscode" is now active!');

    // package.jsonで定義したコマンドの実行内容を登録
    let disposable = commands.registerCommand(
                'hello-vscode.helloWorld', () => {
        // コマンド呼び出し時の実行内容
        // 右下のウィンドウにメッセージを出力
```

```
    window.showInformationMessage(
        'Hello World from Hello VSCode!');
  });

  // 実装内容を適用する
  context.subscriptions.push(disposable);
}

// 拡張機能が無効になったときに呼び出されるメソッド
export function deactivate() {}
```

■──利用しているAPI

　VS Codeは、豊富なAPIとAPIリファレンス注4を提供しています。ここでは、今回の拡張機能で利用したAPIを解説します。今回のextension.tsでは、ExtensionContext、commands、windowの3つを利用しています。

　ExtensionContextは、拡張機能専用のユーティリティを扱います。ExtensionContext.subscriptions.pushは、拡張機能にコマンドなどの実装を登録しています。

　commandは、コマンドを管理します。command.registerCommandでは、package.jsonにあらかじめ定義したコマンドと関数呼び出しを紐付けます。今回自動生成されたコードでは、hello-vscode.helloWorldコマンドが登録されています。このコマンドは、拡張機能の起動トリガーを管理するactivationEventsにも利用されています。

```
hello vscode/package.json
"activationEvents": [
    "onCommand:hello-vscode.helloWorld"
],
"main": "./out/extension.js",
"contributes": {
  "commands": [
    {
      "command": "hello-vscode.helloWorld",
      "title": "Hello World"
    }
  ]
},
```

注4　https://code.visualstudio.com/api/references/vscode-api

　commandsが持つ関数には、今回扱ったregisterCommandのほか、明示的にコマンドを呼び出すexecuteCommandや利用可能なコマンドを取得するgetCommandsがあります。VS Codeや他拡張機能のコマンドと組み合わせて利用しましょう。

　windowは、VS Code上でのUI表示を管理するAPIです。たとえばwindow.showInformationMessageは、VS Code右下に情報メッセージを表示します。このほかにもメッセージの重要度に応じて、window.showWarningMessage、window.showErrorMessageを利用できます。

拡張機能のコードチェック

　拡張機能コードのチェックでは、第6章と同じくESLintを利用します。ここでは、次に示すVS Code本体の開発と同じESLintの設定を使います。この設定は、ほかのMicrosoft製の拡張機能とも同じであるため、類似機能を作る際にコピーが行いやすくなります。

```
hello-vscode/.eslintrc.json
{
    "root": true,
    "parser": "@typescript-eslint/parser",
    "parserOptions": {
        "ecmaVersion": 6,
        "sourceType": "module"
    },
    "plugins": [
        "@typescript-eslint"
    ],
    "rules": {
        "@typescript-eslint/naming-convention": "warn",
        "@typescript-eslint/semi": "warn",
        "curly": "warn",
        "eqeqeq": "warn",
        "no-throw-literal": "warn",
        "semi": "off"
    },
    "ignorePatterns": [
        "out",
        "dist",
        "**/*.d.ts"
    ]
}
```

　チェックされるルールは、rules内の5つです（最後のsemiは無効化されています）。引っかかりやすいのは上から2つで、これらは、命名規則の誤りやセミコロンの付け忘れなどです。基本的には第6章のTypeScriptでの設定よりも緩いため、最低限のルールのみをチェックしてくれます。以降、本章のコードチェックはこの設定を用います。

　Yeomanで自動生成したプロジェクトでは設定されていませんが、Prettierも併用できます。併用する場合は、第6章で利用した設定を再利用してください。

拡張機能のビルド、実行

　F5 キーもしくはステータスバー左下の「Run Extension (hello-vscode)」をクリックして拡張機能をビルドしてください。ビルド後、拡張機能をインストールした状態で新しくVS Codeが立ち上がります。新しいウィンドウ上で、**図9.1**のようにコマンドパレット（ F1 キー）からHello Worldを実行します。実行すると、**図9.2**のようにウィンドウの右下にHello World from Hello VSCode!が表示されます。

図9.1　Hello World コマンドの呼び出し

図9.2　Hello World コマンドの実行結果

　ビルドは.vscode/launch.jsonの内容に従って行われます。ビルド方法を編集する場合はこのファイルを編集します。

```
hello-vscode/.vscode/launch.json
{
  "version": "0.2.0",
  "configurations": [
    {
      "name": "Run Extension",
      "type": "extensionHost",
      "request": "launch",
      "args": [
        "--extensionDevelopmentPath=${workspaceFolder}"
      ],
      "outFiles": [
        "${workspaceFolder}/out/**/*.js"
      ],
      "preLaunchTask": "${defaultBuildTask}"
    },
    {
      "name": "Extension Tests",
      "type": "extensionHost",
      "request": "launch",
      "args": [
        "--extensionDevelopmentPath=${workspaceFolder}",
        "--extensionTestsPath=${workspaceFolder}/out/test/suite/index"
      ],
      "outFiles": [
        "${workspaceFolder}/out/test/**/*.js"
      ],
      "preLaunchTask": "${defaultBuildTask}"
    }
  ]
}
```

　たとえば、開発対象以外の拡張機能を無効にしたい場合は、argsに"--disable-extensions"を次のように追記します。

```
hello-vscode/.vscode/launch.json
（省略）
      "args": [
        "--extensionDevelopmentPath=${workspaceFolder}",
        "--extensionTestsPath=${workspaceFolder}/out/test/suite/index",
        "--disable-extensions"
      ]
（省略）
```

拡張機能のデバッグ

TypeScriptと同様に、拡張機能のデバッグは、ブレークポイントを設定することで該当するコード実行時に動作を一時停止します。たとえば、src/extension.tsのwindow.showInformationMessageにブレークポイントを設定し、Hello Worldコマンドを実行してみましょう。

```
window.showInformationMessage('Hello World from Hello VSCode!');
```

動作確認側のウィンドウでHello Worldを実行すると、画面表示直前で開発側のウィンドウ画面に戻ります。開発側のウィンドウにあるツールバーから「続行」ボタンを押すことで、Hello World from Hello VSCode!と表示されます。

拡張機能のテスト

VS Codeの拡張機能は、生成時点でテストフレームワークであるMochaを自動的にインストールしています。拡張機能のテストでは、src/test内のファイルを追加または編集します。

```
拡張機能のフォルダ構成（省略版）
（省略）
├─ src
│   ├── extension.ts          // 拡張機能のソースコード
│   └─test
│       ├── suite
│       │    ├── index.ts              // ユニットテスト実行用コード
│       │    └── extension.test.ts // ユニットテストコード
│       └── runTest.ts          // テストコードのメインファイル
（省略）
```

src/test以下には、test/runTest.ts、test/suite/index.ts、test/suite/extension.test.tsの3つのファイルがあります。順に解説します。

test/runTest.tsは、テスト環境構築用のコードです。具体的には、拡張機能のpackage.jsonからVS Codeの起動やパスの設定を行っています。テストを実行するときは、次に解説するtest/suite/index.tsを呼び出します。

```
hello-vscode/test/runTest.ts
import * as path from 'path';
import { runTests } from '@vscode/test-electron';
async function main() {
  try {
    // 拡張機能のパスを設定する
    const extensionDevelopmentPath = path.resolve(__dirname, '../../');
    // テストコードsrc/test/suite/index.tsのパスを取得する
    const extensionTestsPath = path.resolve(__dirname, './suite/index');
    // VS Codeを起動する
    await runTests({ extensionDevelopmentPath, extensionTestsPath });
  } catch (err) {
    console.error('Failed to run tests');
    process.exit(1);
  }
}
main();
```

test/suite/index.ts は、テストコードを管理するコードです。Mocha
フレームワークを利用して、test/suite フォルダ内のテストを実行します。

```
test/suite/index.ts
import * as path from 'path';
import * as Mocha from 'mocha';
import * as glob from 'glob';
export function run(): Promise<void> {
  // Mochaテストの作成
  const mocha = new Mocha({
    ui: 'tdd'
  });
  mocha.useColors(true);
  const testsRoot = path.resolve(__dirname, '..');
  return new Promise((c, e) => {
    /**
     * トランスパイルした *.test.js ファイルを読み込む
     * 例: test/suite/extension.test.ts
     */
    glob('**/**.test.js', { cwd: testsRoot }, (err, files) => {

      if (err) {
        return e(err);
      }
      // ファイルをテストに追加
      files.forEach(f => mocha.addFile(path.resolve(testsRoot, f)));
      try {
        // Mochaテストの実行
        mocha.run(failures => {
```

```
      // テストが終了したらコールバック
      if (failures > 0) {
        e(new Error(`${failures} tests failed.`));
      } else {
        c();
      }
    });
  } catch (err) {
    console.error(err);
    e(err);
  }
  });
 });
}
```

test/suite/extension.test.ts には、具体的なテスト内容を書きます。
extension.test.ts には、コード生成時に次のコードが書かれています。

```
hello-vscode/test/suite/extension.test.ts
import * as assert from 'assert';
// VS Code APIの利用
import { window } from 'vscode';
// extensionの関数を使う場合は次の//を削除する
// import * as myExtension from '../extension';
// 各テストケース
suite('Extension Test Suite', () => {
    // テストの実行をウィンドウに表示する
    window.showInformationMessage('Start all tests.');
    // 具体的なテスト内容、'Sample test'はテスト名
    test('Sample test', () => {
        // 配列[1, 2, 3]に5や0を検索
        // 見つからなかった場合-1を返す
        assert.strictEqual(-1, [1, 2, 3].indexOf(5));
        assert.strictEqual(-1, [1, 2, 3].indexOf(0));
    });
});
```

このコードは、配列をチェックするだけのテストコードで特に意味は
ありません。実践的なテストコードはあとで作成するため、今回はテス
ト機能の動作のみを確認しましょう。

テストを実行するには、**図9.3**の「実行とデバッグ」サイドバー右上の
「Extension Tests」（拡張機能のテスト）を選択します。ソースコード側の
エディター下の「デバッグコンソール」パネルに次のメッセージが表示さ
れれば成功です。

図9.3　拡張機能のテストコマンド呼び出し

```
Extension Test Suite
  ✓ Sample test
1 passing (51ms)
```

9.4

UI拡張によるショートカット機能の開発
—— よく使うコマンドをボタンで呼び出す

　次は、UIを変更する拡張機能を作りましょう。ここでの目標は次のとおりです。

❶カーソルで選択している範囲行数をステータスバーに表示する

❷ステータスバークリック時に、選択している範囲をコピーする

❸エディターに「選択行をコピー」コマンドを呼び出すボタンを追加する

UI拡張機能プロジェクトの作成

　前節と同様に、Yeomanを使ってプロジェクトを作ります。プロジェクト名はmy-editor-uiにします。

```
 Yeomanによる UI 拡張機能プロジェクトの作成 
$ yo code
 拡張機能のタイプ 
? What type of extension do you want to create?
New Extension (TypeScript)
 拡張機能の名前 
? What's the name of your extension?
My Editor UI
 拡張機能の ID（全小文字）
? What's the identifier of your extension?
my-editor-ui
 拡張機能の説明 
? What's the description of your extension?
（空欄のまま）
 Git リポジトリを作成するか 
? Initialize a git repository?
Yes
 webpack を利用して作成するか？ 
? Bundle the source code with webpack?
No
 パッケージマネージャーは npm？ それとも yarn？ 
? Which package manager to use?
npm
```

※紙面での見やすさのため、質問と回答の間に改行を入れています

　ここでもプロジェクト生成完了後、npm installが実行され、開発用
パッケージがローカルインストールされます。ESLintによるコードチェ
ックの設定を前節と同様に行ってください。

ステータスバー表示の実装

　まずは、ステータスバーの表示を実装します。src/extension.tsを次
のとおり編集します。

```
 my-editor-ui/src/extension.ts 
import {
  commands, env,
  ExtensionContext,
  StatusBarAlignment, StatusBarItem,
  TextEditor,
  window }from 'vscode';

// 利用するステータスバーのアイテム
```

```
let myStatusBarItem: StatusBarItem;

export function activate(context: ExtensionContext) {
  // ステータスバーのアイテムクリック時に呼ばれる関数の定義
  const myCommandId = 'my-editor-ui.copySelectedLines';
  context.subscriptions.push(commands.registerCommand(myCommandId, () => {
    // 選択中の範囲を文字列として取得する
    const content = window.activeTextEditor?.document.getText(
      window.activeTextEditor?.selection
    );
    if (content) {
      // 選択中の範囲をクリップボードに書き込む
      env.clipboard.writeText(content);
      window.showInformationMessage(`選択範囲をコピーしました`);
    }
  }));

  // ステータスバーアイテムの作成。100は表示優先度で大きいほど優先度は低め
  myStatusBarItem = window.createStatusBarItem(
    StatusBarAlignment.Right, 100
  );
  // ステータスバーのアイテムにコマンドを紐付ける
  myStatusBarItem.command = myCommandId;
  context.subscriptions.push(myStatusBarItem);

  // ステータスバーアイテムのリスナーを登録し、ステータスバーを更新する
  context.subscriptions.push(
    window.onDidChangeActiveTextEditor(updateStatusBarItem),
    window.onDidChangeTextEditorSelection(updateStatusBarItem)
  );

  // 起動時にステータスバーのアイテムを更新
  updateStatusBarItem();
}

// ステータスバーの表示切り替えを行う
function updateStatusBarItem(): void {
  const n = getNumberOfSelectedLines(window.activeTextEditor);
  if (n > 0) {
    myStatusBarItem.text = `$(megaphone) ${n} 行を選択中`;
    myStatusBarItem.show();
  } else {
    myStatusBarItem.hide();
  }
}

// 現在選択中の行数を取得する
export function getNumberOfSelectedLines(editor?: TextEditor): number {
```

```
let lines = 1;
if (editor) {
  lines = editor.selections.reduce((prev, curr) =>
    prev + (curr.end.line - curr.start.line), 0) + 1;
}
return lines;
}
```

■—— 利用しているAPI

　ここでは、my-editor-ui拡張機能から追加で利用したAPIを解説します。今回の extension.ts では、新たに env、window.activeTextEditor、TextEditor、StatusBarAlignment、StatusBarItemの5つを利用しています。

　env は、VS Code の実行環境に干渉する API です。env.clipboard.writeTextは、クリップボードに文字列を登録します。クリップボードに登録した文字列は、右クリック➡「貼り付け」またはショートカットキーの Ctrl + V（macOS： command + V）で貼り付けできます。

　window.activeTextEditor、TextEditor.selectionTextEditor.documentの3つは、セットで使うことの多いAPIです。window.activeTextEditorは、現在開いているVS Codeの情報をTextEditor型のインスタンスとして返します。TextEditor.documentは、開いているVS Codeに関連付けられているファイルに記述内容を参照する TextDocument を返します。TextEditor型に含まれる TextEditor.selectionは、マウスカーソルが現在選択している範囲を取得します。今回の実装では、TextEditor.document（記述内容）とTextEditor.selection（選択範囲）を組み合わせて、マウスカーソルが選択している範囲の記述内容を取得しています。

　window.createStatusBarItemは、ステータスバーに新しい要素を追加し、戻り値StatusBarItemを返します。StatusBarItemに含まれる StatusBarItem.show、StatusBarItem.hide、StatusBarItem.command、StatusBarAlignment.Rightは、ステータスバーに追加した要素を操作する APIです。追加した要素はステータスバー上で、StatusBarItem.textに登録した文字列として表示されます。今回は「◁ n 行を選択中」と表示されます。StatusBarItem.show、StatusBarItem.hideで、ステータスバーに追加した要素の表示と非表示を切り替えられます。また、StatusBarItem.command に helloworld などのコマンドを登録することで、要素をクリック時に実行するコマンドを設定

できます。最後に`StatusBarAlignment`を利用することで、追加するステータスバーの要素をどこに配置するかを定義します。今回は右側に配置する`StatusBarAlignment.Right`を利用しています。

エディターアクション表示の実装

次に、エディターのアクションを実装します。エディターアクションとは、「実行」ボタンのようにエディターのファイル右上などに表示されるボタンのことです。今回は、ファイルの上部に`my-editor-ui.`
`copySelectedLines`を呼び出すボタンを作成します。`package.json`を次のように編集し、コマンドとボタンUIを新たに定義します。

```
my-editor-ui/package.json
（省略）
"contributes": {
  "commands": [
    {
      "category": "My Editor UI",
      "command": "my-editor-ui.copySelectedLines",
      "title": "選択行をコピー",
      "icon": "$(files)"
    }
  ],
  "menus": {
    "editor/title": [{
      "command": "my-editor-ui.copySelectedLines",
      "group": "navigation",
      "when": "!virtualWorkspace"
    },
    {
      "command": "workbench.action.showCommands",
      "group": "navigation",
      "when": "!virtualWorkspace"
    }]
  }
},
（省略）
```

まず、`commands`には、`my-editor-ui.copySelectedLines`を追加します。これにより、Hello World拡張機能で定義した`hello-vscode.helloWorld`コマンドと同様に、コマンドパレットから「選択行をコピー」コマンドを呼び出せます。また、ここでボタン表示に利用するアイコンとして

$(files) を指定しています。files は、VS Code の組込みのアイコン[5] に 🗋 として登録されています。たとえば、files の代わりに run を選択すれば、▷ アイコンに変更されます。

　次に、menus 内の editor/title を編集し、エディターに2つのボタンを追加します。1つ目は、先ほど作成した my-editor-ui.copySelectedLines を呼び出すボタンです。2つ目は、既存コマンドの workbench.action. showCommands を呼び出すボタンです。workbench.action.showCommands は、本書でも F1 キーとして利用していた「すべてのコマンドの表示」コマンドの ID です。

　もし2つ目で呼び出す既存コマンドを変更したい場合は、既存コマンドの ID を取得する必要があります。左下の「管理」アイコン（⚙）から、「キーボードショートカット」で既存コマンドのリストを開きます。そして ID を取得したい既存コマンドを右クリックし、「コマンド ID をコピー」を実行することで、ID がクリップボードにコピーされます。コピーしたコマンドの ID を workbench.action.showCommands の代わりに command 欄へ書き込むと、選んだコマンドを呼び出せます。

UI拡張機能のビルド、実行

　F5 キーもしくはステータスバー左下の「Run Extension (my-editor-ui)」をクリックして拡張機能をビルドしてください。ビルド後、拡張機能をインストールした状態で新しく VS Code が立ち上がります。

　適当なテキストファイルを作成しましょう。マウスドラッグで範囲を選択すると、**図9.4**のように、エディター右下のステータスバーに「🔊 n

---

注5　https://code.visualstudio.com/api/references/icons-in-labels#icon-listing

図9.4　ステータスバーによる UI 機能

行を選択中」と表示されます。この「◁n 行を選択中」ボタンをクリック
すると、選択範囲をコピーできます。「選択範囲をコピーしました」とメ
ッセージが出ればコピー成功です。

図9.5のように、同様の機能がファイル右上のメニューにも表示され
ています。🗗アイコンを選択すると、先ほどと同じく選択範囲をコピー
します。左側の「Show All Commands」を選択すると、 F1 キーを押した
ときと同様にコマンドパレットが表示されます。

UI拡張機能のテスト

本項のテストでは、前節のテストよりも具体的な機能を検証します。src/
test/suite/extension.test.tsを次のとおり編集します。ここでは、VS
Codeを自動起動し、コマンドが動作するかを確かめるテストを行います。

```
my-editor-ui/src/extension.ts
import * as assert from 'assert';

import * as vscode from 'vscode';
import * as path from 'path';
// 拡張機能を読み込む
import * as myExtension from '../../extension';

suite('Calculate selected lines', () => {
  // 対象とするファイルのパスを取得する
  const docPath = path.resolve(
```

図9.5　ファイル右上に追加される「選択行をコピー」ボタンと「Show All Commands」
ボタン

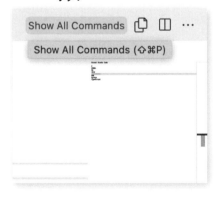

```
    __dirname,
    '../../../src/test/testFixture',
    'uitest.txt');
  // 対象とするファイルの識別子（URI）を取得
  const docUri = vscode.Uri.file(docPath);

  test('UI extension function test', async () => {
    await testExtension(docUri);
  });
});

async function testExtension(docUri: vscode.Uri) {
  // ファイルを開く
  // await activate(docUri);
  const editor = await vscode.window.showTextDocument(docUri);
  // Built-in Commandsからカーソルを操作するコマンドを呼び出す
  // カーソルを1つだけ選択しながら移動する
  await vscode.commands.executeCommand(
    'cursorMove', { to: 'down', select: true });
  // 拡張機能のgetNumberOfSelectedLines関数を呼び出す
  const number1 = myExtension.getNumberOfSelectedLines(editor);
  // 選択行数が2行であるか確認する
  assert.strictEqual(number1, 2);

  // 最終行までカーソルを移動
  await vscode.commands.executeCommand(
    'cursorMove', { to: 'viewPortBottom', select: true });
  const number2 = myExtension.getNumberOfSelectedLines(editor);
  assert.strictEqual(number2, 5);
}

export async function activate(docUri: vscode.Uri) {
  // package.jsonで定義したnameとpublisherの組み合わせでextensionIdを生成
  const ext = vscode.extensions.getExtension('ikuyadeu.my-editor-ui')!;
  await ext.activate();
  try {
    // 対象とするファイルを開く
    const doc = await vscode.workspace.openTextDocument(docUri);
    // 対象とするエディターを開く
    const editor = await vscode.window.showTextDocument(doc);
    // 拡張機能が有効になるのを待つ
    await new Promise(resolve => setTimeout(resolve, 2000));
  } catch (e) {
    console.error(e);
  }
}
```

ここでは、新たにcommands.executeCommand と Uri を利用しています。

commands.executeCommandはテスト用の実装で利用するAPIで、VS Code
のコマンド^{注6}を指定し、実行します。ここでは、カーソルを操作する
cursorMoveコマンドを呼び出しています。ほかにもスクロールやファイル／
フォルダを開くなどのVS Codeを直接操作するコマンドに加え、commands.
registerCommandで登録したコマンドも呼び出せます。

Uriは、ファイルを識別するための識別子URI（*Uniform Resource Identifier*）
を管理するAPIです。Webページの場所を示すURLもURIの一種です。
ここでは、VS Codeで開くファイルを識別するためにUriを利用していま
す。また、ファイルパス文字列からUri型に変換するためにUri.
file(docPath)を利用しています。

次のnpm run testコマンドからテストを実行します。VS Codeの取得
に時間がかかるため、「実行とデバッグ」サイドバーはここでは使用しま
せん。ソースコード側のエディター下の「デバッグコンソール」パネルに
次のメッセージが表示されれば成功です。

```
$ npm run test
  Calculate selected lines
    ✓ UI extension function test (2049ms)
  1 passing (2s)
```

エラーとして「Error: Timeout of 2000ms exceeded. For async tests and
hooks, ensure "done()" is called; if returning a Promise, ensure it resolves.」
と出る場合は、テストの実行時間がかかりすぎています。src/test/suite/
index.tsに以下を追加し、許容するテストの実行時間を延ばしましょう。

```
my-editor-ui/src/extension.ts
（省略）
export function run(): Promise<void> {
  // Create the mocha test
  const mocha = new Mocha({
    ui: 'tdd',
    color: true
  });
  // 以下を追加
  mocha.timeout(100000);
  （省略）
```

注6　https://code.visualstudio.com/api/references/commands

9.5

拡張機能の公開

　いよいよ、作成した拡張機能を Marketplace に公開します。公開した拡張機能は、もちろん VS Code からインストールできます。

README.mdの作成

　README.md の内容は、GitHub 上だけでなく、Marketplace での説明文としても公開されます。ひとまず、拡張機能名と利用方法を記述し、情報を足していきましょう。スクリーンショットや動画があるとよりわかりやすいです。

　コードと同様に、ここで書いた内容はアップデートで更新できますので、気楽に書いて大丈夫です。以下は作成した「My Editor UI」の README.md の例です。

```
my-editor-ui/README.md
# My Editor UI

コードの行数をカウントするUIを提供します。

## 機能

ファイルを選択するとステータスバーに選択行数が表示されます。
クリックすると選択範囲をコピーします。

![feature X](スクリーンショットのファイルパス)
```

　Marketplace の拡張機能は英語が多いですが、今回など練習で作成する場合や仲間内で利用する場合は日本語でも十分です。一方で、英語で記述すると、より多くの VS Code ユーザーの目にとまりやすいですので、広く利用してもらえる可能性が上がります。

■──紹介動画の作成

　README.md に動画を載せておけば、文字やスクリーンショットよりも多くの情報が伝わります。VS Code では、OSの機能を利用して、Windows

の場合は ⊞ + G 、macOS の場合は command + shift + 5 で録画できます。Linux の場合は、SimpleScreenRecorder などのソフトウェアを使ってください。

あらかじめコマンドパレットから「開発者：スクリーンキャストモードの切り替え」を実行しておくと、**図9.6**のように、クリック位置を赤丸で強調してくれたり、タイピング内容の表示を行ってくれたりします。

■── package.jsonの設定

拡張機能公開時には package.json の内容も参照されます。以下は、先ほど作成した「My Editor UI」の package.json の記述例です。

```
my-editor-ui/package.json
{
  "name": "my-editor-ui",
  "displayName": "My Editor UI",
  "publisher": "ikuyadeu",
  "description": "文字数の数え上げと、コピー機能",
  "version": "0.0.1",
  "icon": "img/icon.png",
  "engines": {
    "vscode": "^1.66.0"
  },
```

図9.6 **スクリーンキャスト時の VS Code 画面**

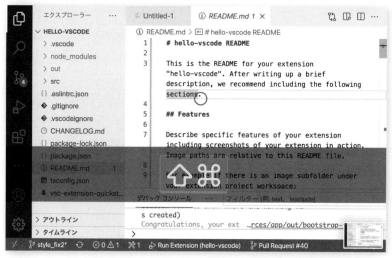

```
"keywords": [
  "コピー",
  "文字カウント"
],
"categories": [
  "Other"
],
"activationEvents": [
  "*"
],
(省略)
```

表9.2 に各設定項目の意味をまとめました。特に icon が設定してあると、一目で自分の拡張機能がわかります。著作権に注意して、ぜひ設定しておきましょう。また、keywords や categories を設定することで、検索にヒットしやすくなります。

Marketplaceで公開

ここまでで、拡張機能を Marketplace で公開するためのファイル編集は終了です。残る公開作業は、アカウントの生成と公開コマンドの実行のみです。

表9.2 拡張機能の設定項目

設定項目	説明
name（必須）	拡張機能の識別子。公開後は変更不可
displayName	Marketplace での表示される拡張機能名。公開後も変更可能
publisher（必須）	作成者の ID。後述のパブリッシャーアカウントの作成時に記述
description	拡張機能の簡潔な説明
version（必須）	拡張機能のバージョン。メジャー.マイナー.パッチ形式で記述
icon	アイコン画像のパス。アイコンは 128 × 128 以上で作成
engines（必須）	実行環境。最新機能を利用する場合はバージョンを上げる必要がある
keywords	検索時にヒットする拡張機能のキーワード。複数設定可能
categories	「Languages」や「Formatter」など、拡張機能のカテゴリ。複数設定可能
activationEvents	拡張機能を有効にするトリガー。* で常に有効になる

■── パーソナルアクセストークンの作成

　拡張機能を公開するには、Azure DevOpsのパーソナルアクセストーク
ン[注7]が必要です。やや複雑ですが、次の手順で作成できます。

❶ **Azure DevOps[注8]にアクセスする**

❷ **右上のプロフィールから、図9.7の「Personal access tokens」を選択する**

❸ **New Tokenを選択し、図9.8で以下を行う**

　❶「Name」に、トークン名（例：vsce-token）を入力する

　❷「Expiration」に、トークンの有効期限を入力する（次の「Custom defined」の選
　　択により、1年後まで延長可能）

　❸「Scopes」で「Custom defined」（設定のカスタマイズ）を選択し、右下の「Show
　　all scopes」（すべての対象を表示）からMarketplaceの「Manage」を有効にする

　❹「Create」（作成）をクリックして決定する

❹ **作成されたトークンをコピーする**

　セキュリティ上、ここで生成したパーソナルアクセストークンは、
GitHubにアップロードすると無効になります。トークンをファイルに書
くときはローカル環境に保存しましょう。

注7　https://docs.microsoft.com/ja-jp/azure/devops/organizations/accounts/create-
　　　organization?view=azure-devops

注8　https://go.microsoft.com/fwlink/?LinkId=307137

図9.7　**Azure DevOpsのメニュー**

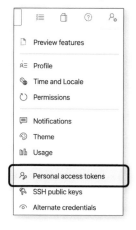

図9.8　パーソナルアクセストークンの作成

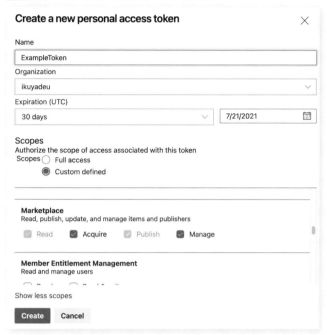

　次に、パブリッシャーアカウントを作成します。アカウントはMarketplace
の管理ページ[注9]の「Create publisher」から作成できます。「Name」（お好き
な名前）と「ID」（ほかの人と被らないID）のみを設定すれば登録できます。
このとき入力した「ID」はpackage.jsonのpublisherに書き込みましょう。

```
my-editor-ui/package.json
{
  "name": "my-editor-ui",
  "displayName": "My Editor UI",
  "publisher": "登録したID",
(省略)
```

　最後に、vsceを通してパブリッシャーとパーソナルアクセストークン
を登録します。

注9　https://marketplace.visualstudio.com/manage

```
$ vsce login 登録したID
Personal Access Token for publisher '登録したID':
```

■──公開

　いよいよ公開です。ここまでくれば、次のコマンドを実行するだけです。このコマンドを実行すると、プロジェクトのパッケージ化が行われ、Marketplaceにパッケージが投稿されます。

```
$ vsce publish
```

　作成したパブリッシャーアカウントにログインできていない場合は、コマンド実行時にパーソナルアクセストークンを入力する必要があります。
　コマンドの実行から実際に公開されるまでは少し時間がかかります。今回作成した拡張機能のサイズだと30分以内には公開されるはずです。公開までの状態は管理ページ[注10]から確認できます。

9.6

まとめ

　本章では、初歩的な拡張機能とUIに干渉する拡張機能を実装しました。VS Codeの豊富なAPIのおかげで、複雑な機能も簡単に開発できたかと思います。最新の機能に関するAPIを使う場合は、VS Codeのアップデート情報に記載されている「Extension Authoring」[注11]の項を確認しましょう。今回はどの拡張機能開発でも使われる汎用的なAPIの使い方を中心に紹介しましたが、次章では応用編として、コーディングに関する拡張機能の実装方法を紹介します。

注10　https://marketplace.visualstudio.com/manage
注11　https://code.visualstudio.com/updates/v1_71#_extension-authoring

## 第 10 章

実践的な拡張機能開発

Language Server Protocol（以下、LSP）[注1]は、コード補完や自動修正機能をはじめとしたプログラミング言語のサポート機能をエディターに提供するプロトコルです。

本章では、LSPを利用して、コード補完や自動修正を行う機能を持った拡張機能を作成します。

10.1

Language Server Protocolとは

LSPとは、エディターとプログラミング言語処理系の間の通信を定義するプロトコルです。コード補完や自動修正をはじめとした言語サポート機能を多くのエディター、IDE[注2]へ提供する役割を持っています。LSPはMicrosoftが開発し、仕様を管理しているプロトコルです。同社のVS CodeやVisual Studioだけでなく、EclipseやVimなどの主要なエディター、IDEで採用されています。

LSPは、エディターの実装と言語サポートを分離するためのプロトコルです。たとえば、第7章、第8章で利用したJavaとPythonの拡張機能は、言語サポートを提供するLSPサーバー実装と、サーバーを呼び出すVS Codeの拡張機能を分離して開発しています。本章でも、LSPを用いた言語サポートサーバーとクライアント拡張機能を開発します。

実は、VS CodeのAPIだけでも言語サポート機能を提供することはできます。ただ、開発対象をサーバー側とクライアント側に分けることで、大きくは次の3つの利点があります。

▍複数エディターへの機能提供が可能

LSPでは、サーバー（言語機能）側とクライアント（エディター）側に実

注1　https://microsoft.github.io/language-server-protocol/
注2　https://microsoft.github.io/language-server-protocol/implementors/tools/

装を分けます。LSPが出現するまではエディターごとに言語サポートを実装しており、使うエディターによってコード補完の内容に大きな差がありました。そのため、充実した言語サポートを利用するには、Javaなら EclipseやIntelliJ IDEA、C#なら Visual Studioなど、専用のIDEを必要としていました。LSPの採用により、VS Codeの拡張機能が呼び出すLSPサーバーの実装は、Vimなど他エディター利用者も、クライアント側の設定を行うだけで利用できます。

実装言語を選択可能

通常、VS Codeの拡張機能は、Node.js（JavaScriptやTypeScript）により実装されています。LSPサーバー側が提供する機能は好きな言語で実装できます。たとえば、Python拡張機能が呼び出すLSPサーバーはPython、C#拡張機能が呼び出すLSPサーバーはC#を用いて実装されています。本章ではクライアント側と合わせて、サーバー側もTypeScriptを使用します。TypeScriptでLSPサーバーを実装する場合は、Node.jsのLSP実装SDKであるVSCode Language Server - Node[注3]を利用します。執筆時点のはバージョンは8.0.1です。

本章での開発を体験後、お好きな言語でもLSPサーバー実装に挑戦してみましょう。お勧めは、LSPの実装SDKが提供されているHaskell[注4]、C#[注5]、Java[注6]です。

計算リソースの独立

コードチェック機能などの言語機能には、CPUやメモリのリソースが多く必要です。そういった計算をVS CodeのAPIで実装すると、ほかの拡張機能の動作を一時的に停止させることがあります。LSPを用いて言語機能とエディター機能を独立させれば、VS Codeの動作を心配するこ

注3　https://github.com/microsoft/vscode-languageserver-node
注4　https://github.com/haskell/lsp
注5　https://github.com/OmniSharp/csharp-language-server-protocol
注6　https://github.com/eclipse/lsp4j

となく言語機能の処理を実装できます。

10.2
Language Server Protocol拡張機能の
開発環境のインストール

LSPを使った拡張機能の開発は、前章でも利用したVS Code拡張機能とほぼ同様にNode.jsが必要になります。まだNode.jsをインストールしていない場合は、6.1節に従ってインストールしてください。また、一般にLSP開発では使いませんが、本書では前章と同じくYeomanも引き続き利用します。インストールしていない場合は次のコマンドを実行しましょう。本書ではYeomanのバージョン4.3.0を使用します。

```
$ npm install -g yo
```

Yo Language Server —— LSP拡張機能用のYeomanテンプレート

サーバー側の実装方針がサポートする言語によって異なるため、LSPを使った拡張機能の一般的な実装方法は資料によって異なります。LSPの提供元のMicrosoftからは、サンプルコードのGitリポジトリ[注7]をクローンし、そのリポジトリをベースに実装する方法が推奨されています。しかし、この方法は拡張機能作成時の命名や、拡張機能独自のGit管理に一手間必要です。そこで本書では、前章と同様にYeomanのテンプレートを使ったコード生成を採用します。

Yo Language Server[注8]は、本書用に作成したYeomanのテンプレートパッケージです。自動生成されるコードはMicrosoftのサンプルコードに似せています。

次のコマンドからインストールしましょう。本書ではバージョン0.0.6

注7 https://github.com/microsoft/vscode-extension-samples/tree/main/lsp-sample
注8 https://www.npmjs.com/package/generator-languageserver

を利用します。

```
$ npm install -g generator-languageserver
```

具体的な利用方法は後述します。

10.3
Hello Language Server Protocol

それでは、LSPを用いて簡単な機能を実装してみましょう。ただし、LSPでは前章で使った window.showInformationMessage のように、わかりやすい表示は行えません。

そこで今回はLSPのコードチェック機能を使って Hello, World! を「問題」パネルに表示するプログラムを作ります。

Language Server Protocolプロジェクトの作成

Yeomanの yo languageserver コマンドで、LSP用の拡張機能プロジェクトを作成します。前章よりも質問事項は多いですが、今回作るのは簡単な機能なため間違えて入力しても問題はありません。ほとんどの項目は Enter キーを押し続けるだけで自動的に入力されます。以下では、sample という仮の言語をサポートする sample プロジェクトを作成しています。

```
YeomanによるLanguage Server拡張機能プロジェクトの作成
$ yo languageserver
拡張機能のタイプ
? What type of language server extension do you want to create?
New Language Server Protocol
LSPでサポートする言語名
Enter the name of the language. The name will be shown in the VS Code editor m
ode selector.
? Language name:
sample
```

```
┌──────────────────────────┐
│LSPでサポートする言語ID│
Enter the id of the language. The id is an identifier and is single, lower-ca
se name such as 'php', 'javascript'
? Language id:
sample
┌──────────────────────────┐
│LSPでサポートする言語の拡張子│
Enter the file extensions of the language. Use commas to separate multiple en
tries (e.g. .ruby, .rb)
? File extensions:
.sample
┌──────────────────────────┐
│LSPでサポートする言語のスコープ│
Enter the root scope name of the grammar (e.g. source.ruby)
? Scope names:
source.sample
┌──────────────┐
│サーバーの名前│
? What's the identifier of your server?
sample-server
┌──────────────┐
│拡張機能の名前│
? What's the name of your extension?
Sample LSP Extension
┌──────────────────────┐
│拡張機能のID（全小文字）│
? What's the identifier of your extension?
sample
┌──────────────┐
│拡張機能の説明│
? What's the description of your extension?
（空欄のまま）
┌──────────────────────┐
│Gitリポジトリを作成するか│
? Initialize a git repository?
Yes
```

※紙面での見やすさのため、質問と回答の間に改行を入れています

　プロジェクト生成完了後、npm installが実行され、**表10.1**に示す開
発用パッケージがインストールされます。パッケージが多いため、前章
と重複するパッケージは省いています。それぞれのパッケージのバージ
ョンはpackage.jsonから確認できます。

　以下が、VS CodeでLSPを実装するときに生成されるファイル構成で
す。前章の拡張機能とは異なり、LSPでは、エディターの拡張機能側を
クライアント、言語サポート機能側をサーバーとしてそれぞれ独立して
管理します。そのため、.eslintrc.jsonやtsconfig.jsonもクライアン
ト、サーバーごとに定義しています。本章では、主にserver/src/server.
tsを編集します。

表10.1 yo languageserverでインストールされるnpmパッケージ

パッケージ	説明
merge-options（共通）	オブジェクトどうしを連結するパッケージ
webpack（共通）	JavaScript/TypeScript用モジュールバンドラー（後述）
ts-loader（共通）	webpack用TypeScript読み込みツール
webpack-cli（共通）	webpackをコマンドで扱うツール
vscode-languageserver（サーバー用）	LSPのサーバー側実装用ライブラリ
vscode-languageserver-textdocument（サーバー用）	LSPでファイルを読み込むためのライブラリ
vscode-uri（サーバー用）	URI（ファイルの識別子）を取得するライブラリ
vscode-languageclient（クライアント用）	LSPのクライアント側実装用ライブラリ

```
LSP拡張機能のフォルダ構成
.
├─ .vscode                      // LSP拡張機能開発に使うVS Codeフォルダ
│  ├─ extensions.json           // 開発で利用する拡張機能の依存ファイル
│  ├─ launch.json               // LSP拡張機能のデバッグ用コマンドを扱うファイル
│  ├─ setting.json              // プロジェクトの設定ファイル
│  └─ tasks.json                // ビルドおよびトランスパイル用タスクファイル
├─ node_modules                 // 依存パッケージの格納フォルダ
├─ client                       // Language Serverのクライアントサイド
│  ├─ out                       // クライアントのトランスパイル結果の出力格納フォルダ
│  ├─ src
│  │  ├─ extension.ts            // クライアント側拡張機能のソースコード
│  │  └─ test                    // テスト用コードを含んだフォルダ
│  │     ├─ diagnostics.test.ts  // ユニットテストコード
│  │     ├─ helper.ts            // テスト用の汎用的な関数をまとめたコード
│  │     ├─ index.ts             // テスト実行の設定を行うコード
│  │     └─ runTest.ts           // テストコードのメインファイル
│  ├─ testFixture               // テスト対象とするファイル
│  │  ├─ diagnostics.txt         // リンター機能テスト用のテキストファイル
│  │  └─ completion.txt          // 補完機能テスト用のテキストファイル
│  ├─ .eslintrc.json            // クライアント用のESLint設定ファイル
│  ├─ package.json              // クライアント側として利用するパッケージ情報
│  ├─ tsconfig.json             // クライアント用TypeScriptのトランスパイル設定ファイル
│  └─ webpack.config.js         // クライアント用のビルド設定ファイル
└─ server                       // Language Serverのサーバーサイド
   ├─ bin
   │  └─ sample-server          // サーバー実行用のスクリプト
   ├─ src
   │  └─ server.ts              // Language Serverのソースコード
   └─ out                       // サーバーのトランスパイル結果の出力格納フォルダ
```

```
    ├─ .eslintrc.json      // サーバー用のESLint設定ファイル
    ├─ package.json        // サーバー側として利用するパッケージ情報
    ├─ tsconfig.json       // サーバー用TypeScriptのトランスパイル設定ファイル
    └─ webpack.config.js   // サーバー用のビルド設定ファイル
├─ .eslintignore           // ESLintで対象外とするファイルを定義したファイル
├─ .eslintrc.base.json     // クライアントとサーバー共通で利用するESLint設定ファイル
├─ .gitignore              // Gitから除外するファイル群を管理するファイル
├─ .vscodeignore           // 拡張機能作成時に除外するファイル群を管理するファイル
├─ CHANGELOG.md            // ユーザーに向けた拡張機能の更新情報格納ファイル
├─ package-lock.json       // node_modulesを再現するための依存関係リスト
├─ package.json            // VS Codeプラグインとしてのパッケージ情報
├─ README.md               // VS Codeプラグインとしての説明ファイル
├─ shared.webpack.config.js // クライアントとサーバー共通で利用する
│                          // ビルド設定ファイル
├─ tsconfig.base.json      // クライアントとサーバー共通で利用する
│                          // TypeScriptのトランスパイル設定ファイル
└─ tsconfig.json           // クライアントとサーバーをまとめてトランスパイル
                           // するTypeScriptのトランスパイル設定ファイル
```

Language Serverプロジェクトのコードチェック

　生成したプロジェクトでは、サーバー側用、クライアント側用で2つのESLint設定ファイル`.eslintrc.json`があります。本体は、`.eslintrc.base.json`です。サーバー側用、クライアント側用はこのファイルの内容をそのまま継承しています。

　`.eslintrc.base.json`は、Microsoftのサンプルコードと同じ設定を利用しています。前章と比較して、同期処理のミスを検知する`@typescript-eslint/no-floating-promises`と、インデントや丸括弧をチェックするルールが追加されています。もし気になるようであれば、前章までのルールで置き換えてもかまいません。

```
sample/.eslintrc.base.json
{
  "parser": "@typescript-eslint/parser",
  "parserOptions": {
    "ecmaVersion": 6,
    "sourceType": "module"
  },
  "plugins": [
    "@typescript-eslint"
  ],
  "env": {
```

```
    "node": true
  },
  "rules": {
    "semi": "off",
    "@typescript-eslint/semi": "error",
    "no-extra-semi": "warn",
    "curly": "warn",
    "quotes": ["error", "single", { "allowTemplateLiterals": true } ],
    "eqeqeq": "error",
    "indent": "off",
    "@typescript-eslint/indent": ["warn", "tab", { "SwitchCase": 1 } ],
    "@typescript-eslint/no-floating-promises": "error"
    }
}
```

　もちろん、Prettierも併用できます。併用する場合は、第6章で利用した設定を再利用してください。

Language Serverプロジェクトの管理ファイル

　本項では、プロジェクトの管理ファイルを確認します。確認するファイルは、TypeScriptのトランスパイルに必要なtsconfig.json、プロジェクトの依存関係や設定を管理するpackage.json、ビルドを行うwebpack.config.jsです。

■── tsconfig.json ── TypeScriptのトランスパイル設定

　本項では、tsconfig.jsonを確認します。tsconfig.jsonは3つあり、それぞれプロジェクト全体用、サーバー用、クライアント用です。また、各tsconfig.jsonに共通する設定項目を定義し、各tsconfig.jsonから継承して利用するtsconfig.base.jsonもあります。

　まずは、3つのtsconfig.jsonが継承するtsconfig.base.jsonを見てみましょう。ここでは、プロジェクトでトランスパイル時にチェックする項目を設定しています。

```
sample/tsconfig.base.json
{
  "compilerOptions": {
    /* 型宣言がanyである場合にエラーを出力する */
    "noImplicitAny": true,
```

```
    /* 戻り値処理ができていない関数にエラーを出力する */
    "noImplicitReturns": true,
    /* 利用されないローカル変数にエラーを出力する */
    "noUnusedLocals": true,
    /* 利用されない関数宣言にエラーを出力する */
    "noUnusedParameters": true,
    /* コードチェック時に厳密な型チェックを行う */
    "strict": true
  }
}
```

次に、プロジェクト全体用のtsconfig.jsonを確認します。ここでは、extends項目でtsconfig.base.jsonを継承したうえで、トランスパイル対象のファイルに関する設定を追加しています。

sample/tsconfig.json
```
{
  /* tsconfig.base.jsonの内容を継承している */
  "extends": "./tsconfig.base.json",
  "compilerOptions": {
    "module": "commonjs",
    "target": "es6",
    "outDir": "out",
    "rootDir": "src",
    "lib": [ "es2020" ],
    "sourceMap": true
  },
  /* src内のファイルをトランスパイルする */
  "include": [
    "src"
  ],
  /* node_modulesに入ったファイルは無視する */
  "exclude": [
    "node_modules"
  ],
  /* 関連するプロジェクトのパスを設定する */
  "references": [
    { "path": "./client" },
    { "path": "./server" }
  ]
}
```

サーバー用、クライアント用のtsconfig.jsonは省略しますが、上記と同様に継承を利用してコンパクトにまとめています。

■── **package.json** ── プロジェクトの設定

　本項では、package.jsonを確認します。package.jsonも3つあり、それぞれプロジェクト全体用、サーバー用、クライアント用です。

　まずは、プロジェクト全体用のpackage.jsonを見てみましょう。ここでは、作成する拡張機能の起動条件であるactivationEventsに、「プレーンテキストまたはMarkdownファイルを開いたとき」（onLanguage:plaintextとonLanguage:markdown）を設定しています。

```
sample/package.json
（省略）
"activationEvents": [
  "onLanguage:plaintext",
  "onLanguage:markdown"
],
（省略）
```

　次に、サーバー用およびクライアント用のpackage.jsonを確認します。それぞれ、先述したVSCode Language Server - Nodeに含まれる対応モジュールを依存関係に含めています。

```
sample/server/package.json
（省略）
"dependencies": {
  "vscode-languageserver": "8.0.1",
  "vscode-languageserver-textdocument": "^1.0.4",
  "vscode-uri": "^3.0.3"
},
"devDependencies": {
  "typescript": "^4.7.2"
},
（省略）
```

```
sample/client/package.json
（省略）
"devDependencies": {
  "@types/vscode": "1.67.0"
},
"dependencies": {
  "vscode-languageclient": "8.0.1",
  "@vscode/test-electron": "^2.1.3"
}
（省略）
```

■――― **webpack.config.js** ――― webpackの設定

　本項では、`webpack.config.js`を確認します。`webpack.config.js`は、モジュールバンドラーと呼ばれるwebpack[注9]の設定ファイルです。webpackを利用することで、今回のようにフォルダを分けて管理されたコードを、単一のJavaScript/TypeScriptファイルとして出力できます。webpackを利用し、サーバー側のコードを単一ファイルとすることで、クライアント側から呼びやすくなります。`webpack.config.js`は2つあり、それぞれサーバー用、クライアント用です。また、各`webpack.config.js`に共通する設定項目を定義し、各`webpack.config.js`から継承して利用する`shared.webpack.config.js`もあります。

　まずは、2つの`webpack.config.js`が継承する`shared.webpack.config.js`を見てみましょう。ここでは、出力対象とするファイルやトランスパイル前後のソースコードの紐付けを設定しています。

```
sample/shared.webpack.config.js
//@ts-check
/** @typedef {import('webpack').Configuration} WebpackConfig **/

'use strict';

const path = require('path');
const merge = require('merge-options');

module.exports = function withDefaults(
  /** @type WebpackConfig */extConfig) {

  /** @type WebpackConfig */
  let defaultConfig = {
    // パッケージにしたときのソースコードを可能な限りもとのコードに合わせる
    mode: 'none',
    // Node上で実行する
    target: 'node',
    node: {
      __dirname: false
    },
    resolve: {
      mainFields: ['module', 'main'],
      // TypeScriptおよびJavaScriptのファイルを対象とする
      extensions: ['.ts', '.js']
    },
```

注9　https://webpack.js.org/

```
    module: {
      rules: [{
        test: /\.ts$/,
        exclude: /node_modules/,
        use: [{
          // TypeScriptのコードとトランスパイル後のソースコードを紐付ける
          loader: 'ts-loader',
          options: {
            compilerOptions: {
              "sourceMap": true,
            }
          }
        }]
      }
    ]
    },
    externals: {
      'vscode': 'commonjs vscode',
    },
    output: {
      // パッケージにする際のファイル名と出力先
      filename: '[name].js',
      path: path.join(extConfig.context, 'out'),
      libraryTarget: "commonjs",
    },
    // エラー発生箇所の特定を行うためソースマップを作成
    devtool: 'source-map'
  };

  return merge(defaultConfig, extConfig);
};
```

次は、サーバー用の webpack.config.js を確認します。ここでは、shared.webpack.config.js を継承したうえで、server/src/server.ts を server/out/server.js として出力する設定を行っています。

sample/server/webpack.config.js

```
//@ts-check

'use strict';

// shared.webpack.configの設定を読み込む
const withDefaults = require('../shared.webpack.config');
const path = require('path');

// shared.webpack.configの設定を継承
module.exports = withDefaults({
```

```
  context: path.join(__dirname),
  // 対象とするファイルを指定
  entry: {
    extension: './src/server.ts',
  },
  // 出力先を指定
  output: {
    filename: 'server.js',
    path: path.join(__dirname, 'out')
  }
});
```

　クライアント用の内容はサーバー用とほとんど同じであるため省略します。

　以上で、プロジェクトの管理ファイルを確認しました。本章ではこれらのファイルを変更しませんが、コンパイルの対象を追加するときはtsconfig.jsonを、パッケージ時の出力ファイルを変更するときはwebpack.config.jsを変更する必要があります。また、クライアント側で利用するnpmパッケージを追加するときはpackage.jsonを変更します。

サーバー側の実装

　サーバー側のファイルは、server以下でnpmパッケージプロジェクトとして管理します。

　ソースコードはserver/src/server.tsです。自動生成したばかりのserver/src/server.tsにはあらかじめ機能が実装されています。この機能は、VS Codeで開いているファイルの1行目にHello, Worldという警告があるという旨をクライアントに送信します。警告内容を「問題」パネルに表示する処理はクライアントであるVS Code側が行うため、サーバー側では扱いません。ソースコードを検証するvalidate()関数に、警告を取得する動作を記述しています。

`sample/server/src/server.ts`
```
'use strict';

import {
  createConnection,
  Diagnostic,
```

```
  DiagnosticSeverity,
  ProposedFeatures,
  Range,
  TextDocuments,
  TextDocumentSyncKind,
} from 'vscode-languageserver/node';
import { TextDocument } from 'vscode-languageserver-textdocument';

/**
 * サーバー接続オブジェクトを作成する。
 * この接続ではNodeのIPC（プロセス間通信）を利用するLSPの全機能を提供する
 */
const connection = createConnection(ProposedFeatures.all);
connection.console.info(`Sample server running in node ${process.version}`);
// 初期化ハンドルでインスタンス化する
let documents!: TextDocuments<TextDocument>;

// 接続の初期化
connection.onInitialize((_params, _cancel, progress) => {
  // サーバー起動の進捗を表示する
  progress.begin('Initializing Sample Server');
  // テキストドキュメントを監視する
  documents = new TextDocuments(TextDocument);
  setupDocumentsListeners();
  // サーバー起動の進捗表示を終了する
  progress.done();

  return {
    // サーバー仕様
    capabilities: {
      // ドキュメントの同期
      textDocumentSync: {
        openClose: true,
        change: TextDocumentSyncKind.Incremental,
        willSaveWaitUntil: false,
        save: {
          includeText: false,
        }
      }
    },
  };
});


/**
 * テキストドキュメントを検証する
 * @param doc 検証対象ドキュメント
 */
function validate(doc: TextDocument) {
```

```
  // 警告などの状態を管理するリスト
  const diagnostics: Diagnostic[] = [];
  // 0行目（エディター上の行番号は1から）の端から端までに警告
  const range: Range = {start: {line: 0, character: 0},
    end: {line: 0, character: Number.MAX_VALUE}};
  // 警告を追加する
  const diagnostic: Diagnostic = {
    // 警告範囲
    range: range,
    // 警告メッセージ
    message: 'Hello, World!',
    // 警告の重要度、Error, Warning, Information, Hintのいずれかを選ぶ
    severity: DiagnosticSeverity.Warning,
    // 警告コード、警告コードを識別するために使用する
    code: '',
    // 警告を発行したソース、例: eslint, typescript
    source: 'sample',
  };
  diagnostics.push(diagnostic);
  // 接続に警告を通知する
  void connection.sendDiagnostics({ uri: doc.uri, diagnostics });
}

/**
 * ドキュメントの動作を監視する
 */
function setupDocumentsListeners() {
  // ドキュメントを作成、変更、閉じる作業を監視するマネージャー
  documents.listen(connection);

  // 開いたとき
  documents.onDidOpen((event) => {
    validate(event.document);
  });

  // 変更したとき
  documents.onDidChangeContent((change) => {
    validate(change.document);
  });

  // 保存したとき
  documents.onDidSave((change) => {
    validate(change.document);
  });

  // 閉じたとき
  documents.onDidClose((close) => {
    // ドキュメントのURI（ファイルパス）を取得する
```

```
    const uri = close.document.uri;
    // 警告を削除する
    void connection.sendDiagnostics({ uri: uri, diagnostics: []});
  });
}

// サーバーを起動する
connection.listen();
```

■── 利用しているAPI

ここでは、server.tsで利用したVSCode Language Server - Nodeの API
を解説します。今回のserver.tsでは、createConnection、IConnection、
ProposedFeatures、Diagnostic、TextDocumentsの5つを利用しています。

createConnectionは、サーバーと接続するAPIです。接続後は接続オ
ブジェクトIConnectionを返します。

IConnectionは、接続オブジェクトを使ったサーバーの操作を行うAPI
です。IConnection.onInitializeは、サーバーを初期化するためにハン
ドルをインストールします。IConnection.console.infoは、サーバーの
ログを出力します。出力先はVS Codeなら「出力」パネルのサーバー名に
表示されます。IConnection.sendDiagnosticsは、警告リストを登録し
ます。登録した警告内容はESLintと同様に波線で表示されます。
IConnection.listenは、入力ストリームを監視します。listenを実行す
ることで、サーバーの情報をクライアントが受け取れます。

ProposedFeaturesは、接続オブジェクトが利用するLSPの機能を定義
します。今回利用しているProposedFeatures.allは、ノートブックやコ
ード補完機能などを含めたサーバーの全機能を利用するオプションです。

Diagnosticは、警告の情報を管理します。警告範囲や警告メッセージを
登録することで、警告を出力する場所や表示をコントロールできます。
DiagnosticSeverityは、警告の重要度を管理しています。重要度は上から
DiagnosticSeverity.Error（エラー）、DiagnosticSeverity.Warning（警告）、
DiagnosticSeverity.Information（情報、提案）、DiagnosticSeverity.Hint
（ヒント）の4段階です。今回は1行目にHello Worldという警告メッセージ
をDiagnosticSeverity.Warningとして定義しています。警告の範囲は、Range
を使ってline（行）、character（列）を設定することで管理します。

TextDocumentsは、ファイルやファイルへの操作を管理します。今回はonDidOpenなどと組み合わせることで、ファイルへの操作をイベントのトリガーにしています。TextDocumentSyncKindは、ファイルの同期設定を行います。今回はファイルを開いたときを検知するopenCloseや、変更を検知するchangeを設定しています。

クライアント側の実装

クライアント側のファイルは、clientフォルダ以下でVS Code拡張機能として管理します。そのため、コードは前章で扱った内容と似たものとなっています。

クライアント側のソースコードはclient/src/extension.tsで、通常の拡張機能と同様にVS Code APIを利用します。自動生成したばかりのファイルには、あらかじめサーバーを呼び出す機能が実装されています。

```
sample/client/src/extension.ts
'use strict';

import { ExtensionContext, window as Window, Uri } from 'vscode';
import {
  LanguageClient,
  LanguageClientOptions,
  RevealOutputChannelOn,
  ServerOptions,
  TransportKind } from 'vscode-languageclient/node';

let client: LanguageClient;

// 拡張機能が有効になったときに呼ばれる
export async function activate(context: ExtensionContext) {
  // サーバーのパスを取得
  const serverModule = Uri.joinPath(
    context.extensionUri, 'server', 'out', 'server.js').fsPath;
  // デバッグ時の設定
  const debugOptions = {
    execArgv: ['--nolazy', '--inspect=6011'],
    cwd: process.cwd()
  };

  // サーバーの設定
  const serverOptions: ServerOptions = {
```

```
    run: {
      module: serverModule,
      transport: TransportKind.ipc,
      options: { cwd: process.cwd() }
    },
    debug: {
      module: serverModule,
      transport: TransportKind.ipc,
      options: debugOptions,
    },
  };
  // LSPとの通信に使うリクエストを定義
  const clientOptions: LanguageClientOptions = {
    // 対象とするファイルの種類や拡張子
    documentSelector: [
      { scheme: 'file' },
      { scheme: 'untitled' }
    ],
    // 「警告」パネルでの表示名
    diagnosticCollectionName: 'sample',
    revealOutputChannelOn: RevealOutputChannelOn.Never,
    initializationOptions: {},
    progressOnInitialization: true,
  };

  try {
    // LSPを起動、第1引数は言語名であり、後述するログ収集で利用する
    client = new LanguageClient(
      "LSPSampleExample",
      "Sample LSP Server",
      serverOptions,
      clientOptions
    );
  } catch (err) {
    void Window.showErrorMessage(
      "拡張機能の起動に失敗しました。詳細はアウトプットパネルを参照ください"
    );
    return;
  }
  client.start().catch((error) =>
    client.error(`Starting the server failed.`, error, 'force')
  );
}

// 拡張機能が無効になったときに呼ばれる
export async function deactivate(): Promise<void> {
  if (client) {
    await client.stop();
```

```
  }
}
```

VSCode Language Server - Node を import 文で読み込むとき、クライアントパッケージは上記のように vscode-languageclient/node から呼び出せます。VSCode Language Server - Node のバージョン 7.0.0 以前では vscode-languageclient なため、間違えないよう注意してください。本章で利用しているバージョンは 8.0.2 なので、vscode-languageclient/node で統一しています。

初期状態ではすべてのファイルに対してクライアントを起動する設定になっています。次のように、対象をテキストファイルと Markdown ファイルに限定しましょう。

```
sample/client/src/extension.ts
（省略）
const clientOptions: LanguageClientOptions = {
  // 対象とするファイルの種類や拡張子
  documentSelector: [
    {
      scheme: 'file',
      language: 'plaintext',
    },
    {
      scheme: 'file',
      language: 'markdown',
    },
  ],
（省略）
```

■── 利用している API

ここでは、extension.ts で利用した VSCode Language Server - Node の API を解説します。今回の extension.ts では、LanguageClient、LanguageClientOptions、RevealOutputChannelOn、ServerOptions の4つを利用しています。なお、ExtensionContext や window、Uri は VS Code の API です。これらについては前章を参照してください。

LanguageClient は、LSP クライアントの起動や終了を管理する API です。クライアントは、LanguageClient.start で起動し、LanguageClient.stop で終了します。

LanguageClientOptions は、クライアントとサーバー間での通信設定を定義します。今回はサーバーを機能させる対象であるファイルを設定する LanguageClientOptions.documentSelector や、警告内容の表示名を設定する LanguageClientOptions.diagnosticCollectionName などを定義しています。

RevealOutputChannelOn は、出力内容を「出力」パネルに表示するか否かを設定します。今回は表示させない Never を選択しています。

ServerOptions は、run（実行時）、debug（デバッグ時）に利用するサーバーとの通信方式をそれぞれ TransportKind から選択できます。今回は実行時とデバッグ時ともに、IPC通信を行う TransportKind.ipc に設定しています。

▍サーバーとクライアントのビルド、実行

それでは、作成したLSP拡張機能をビルド、実行しましょう。

図10.1に実行方法を示します。今回は実行に複数のオプションがあるため、サイドバーの「実行とデバッグ」（上から4番目のアイコン）から「Launch Client」と書かれたボックスを選択し、選択肢から「Client + Server」を選びます。これにより、サーバーとクライアントそれぞれのビルドと実行を同時に行えます。実行時は、まずLSPサーバーを実行し、次にクライアントである拡張機能でサーバーと通信します。

「Client + Server」に設定後は、前章と同様のビルド、実行方法が利用できます。 F5 キーもしくはステータスバー左下の「Client + Server (sample)」をクリックして、LSPサーバーと拡張機能をビルド、実行してください。拡張機能をインストールした状態で新しくVS Codeを立ち上がります。

開いたエディター上でプレーンテキストファイル（拡張子が.txt）もしくはMarkdownファイル（拡張子が.md）を開いてみましょう。**図10.2**では、test.txtの1行目に波線が表示されています。2行目以降も同じ文字列ですが、今回は1行目に警告を表示させる実装を行っています。1行目の警告にマウスを置くと、Hello, World! と表示されます。また、「問題」パネルにも同様に Hello, World! 警告が表示されます。

図10.1 Language Server Protocol拡張機能の立ち上げ

図10.2 Language Server Protocol拡張機能によるHello, World!

┃ サーバーとクライアントのデバッグ

LSPのデバッグでは、基本的にクライアント側の`client/src/extension.ts`にブレークポイントを設定します。ブレークポイントを設定後は、 F5 キーから拡張機能をビルド、実行します。コマンドの実行をブレークポイントにしていた前章とは異なり、今回は実行直後に動作確認側のウィンドウから開発側のウィンドウ画面へ移ります。開発側のウィンドウ画面で、ブレークポイント時点での変数の値や出力を確認できます。

■── LSPサーバーのログ収集

ブレークポイントだけではサーバーとクライアントのやりとりが理解しづらいので、ログを収集します。

まずは、`package.json`にログを取得するための設定を追加しましょう。このとき利用する`LSPSampleExample`はLanguage Serverの識別子で、`client/src/extension.ts`で設定したものと同じ識別子を使います。

```json
"contributes": {
  "configuration": {
    "type": "object",
    "title": "LSP configuration",
    "properties": {
      "LSPSampleExample.trace.server": {
      "scope": "window",
      "type": "string",
        "enum": [
        "off",
        "messages",
        "verbose"
      ],
      "default": "verbose",
      "description": "VS CodeとLSPの間でのトレースを表示する"
      }
    }
  }
},
```

sample/package.json

F5 キーを押すと、次のログが開発側ウィンドウの「出力」パネルに表示されます。

```
サーバー側からVS Codeに送られるログ情報
2023-03-20 00:43:02.466 [error] Error: connect ENOENT /var/folders/c5/6ywk2s1s
44j6frmjwv73yw240000gn/T/node-cdp.62643-17.sock
  at PipeConnectWrap.afterConnect [as oncomplete] (node:net:1157:16)
2023-03-20 00:46:12.494 [warning] TextEditor is closed/disposed
2023-03-20 00:46:28.263 [warning] TextEditor is closed/disposed
2023-03-20 00:47:40.020 [warning] TextEditor is closed/disposed
```

　これは一部ですが、サーバー側からVS Codeに送信している情報がすべて表示されます。LSPが正常に動作しなかったときは、この情報を確認しましょう。

　場合によってはログの情報量が多すぎることがあります。その場合、動作確認側ウィンドウのユーザー設定（settings.json）にあるsample-server.trace.serverから情報量を変更できます。offで無効に、messagesで情報量を減らすことができます。

サーバーとクライアントのテスト

　LSP拡張機能のテストは、前章と同様にVS Codeの機能を使って行います。今回利用するテンプレートでは、client/src/test以下にテスト用コードを用意しています。

```
LSP拡張機能のフォルダ構成（省略版）
（省略）
├─ client  // Language Serverのクライアントサイド
│  ├─ out
│  ├─ src
│  │  ├─ extension.ts      // クライアント側拡張機能のソースコード
│  │  └─ test              // テスト用コードを含んだフォルダ
│  │     ├─ diagnostics.test.ts // ユニットテストコード
│  │     ├─ helper.ts      // テスト用の汎用的な関数をまとめたコード
│  │     ├─ index.ts       // テスト実行の設定を行うコード
│  │     └─ runTest.ts     // テストコードのメインファイル
│  └─ testFixture
│     └─ diagnostics.txt   // リンター機能テスト用のテキストファイル
（省略）
```

　今回注目するのは、詳しいテスト内容を記述したdiagnostics.test.tsです。このファイルは、テスト用に作成したテキストファイルclient/testFixture/diagnostics.txtに対して、LSPの警告をテストします。

`client/testFixture/diagnostics.txt`は、後述するリンター機能でチェックするためのファイルです。ここでは、内容に関わらず1行目に警告を出すため、記述内容はなんでも大丈夫です。

```ts
// sample/client/src/test/diagnostics.test.ts
import * as vscode from 'vscode';
import * as assert from 'assert';
import { getDocUri, activate } from './helper';

// Diagnostics (警告状態) に関するテストを記述
suite('Should get diagnostics', () => {
  // diagnostics.txtのパスを取得する
  const docUri = getDocUri('diagnostics.txt');

  test('Diagnostics Hello, World!', async () => {
    // 期待される警告箇所を設定
    // 今回は1行目に波線を表示させているので、1行目の警告が出る
    const start = new vscode.Position(0, 0);
    const end = new vscode.Position(0, Number.MAX_VALUE);
    await testDiagnostics(docUri, [
      {
        message: 'Hello, World!',
        range: new vscode.Range(start, end),
        severity: vscode.DiagnosticSeverity.Warning,
        source: 'sample'
      }
    ]);
  });
});

// 具体的なテスト内容を記述した関数
async function testDiagnostics(docUri: vscode.Uri, expectedDiagnostics:
vscode.Diagnostic[]) {
  // diagnostics.txtをVS Code上で開く
  await activate(docUri);

  // 警告リストを取得する
  const actualDiagnostics = vscode.languages.getDiagnostics(docUri);

  // 警告数が一致するか確認する、今回は1つだけ警告が出ることを期待している
  assert.equal(actualDiagnostics.length, expectedDiagnostics.length);

  // 各警告が期待されるものと一致するか確認する
  expectedDiagnostics.forEach((expectedDiagnostic, i) => {
    const actualDiagnostic = actualDiagnostics[i];
    // メッセージがHello, World!であるか確認する
    assert.equal(actualDiagnostic.message, expectedDiagnostic.message);
```

```
    // 警告範囲が1行目であるか確認する
    assert.deepEqual(actualDiagnostic.range, expectedDiagnostic.range);
    // 警告種別がWarningであるか確認する
    assert.equal(actualDiagnostic.severity, expectedDiagnostic.severity);
  });
}
```

図10.1のサイドバーの「実行とデバッグ」の選択肢から「Language Server E2E Test」を選択し、実行します。「E2E Test」はEnd-to-Endテストの略で、ユーザーが実際に動かすものと同様のテストを行います。ソースコード側のエディター下の「デバッグコンソール」パネルに次のメッセージが表示されれば成功です。

```
Should get diagnostics
  ✓ Diagnostics Hello, World! (2009ms)
1 passing (2s)
```

10.4

リンター機能の開発 —— 辞書に追加したコードを自動修正

本節ではリンター、つまりESLintやPylint、SonarLintと同じくコードの検証や自動修正を行うツールを開発します。リンター機能を実装することで、コードを自動的に特定・修正できます。具体的には**図10.3**に示すとおり、2文字以上の大文字に警告文を出す機能を作成します。また、小文字にクイックフィックスする機能も作成します。

なお、クライアント側の実装は10.3節までと同様なため省略します。

図10.3 リンター機能による警告

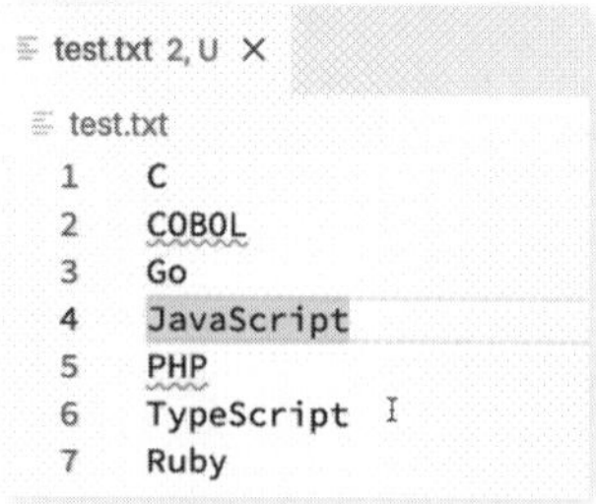

リンタープロジェクトの作成

　前節と同様に、Yeomanから拡張機能を作成します。このとき、Markdown言語をサポートするために、言語名や拡張子を設定します。前節と同様に Enter キーを押し続けても入力できますが、「LSPでサポートする言語のスコープ」までは次のとおりに入力しましょう。今回作成するプロジェクトの名前はvscode-linterとします。

```
Yeomanによるリンター拡張機能プロジェクトの作成
$ yo languageserver
拡張機能のタイプ
? What type of language server extension do you want to create?
New Language Server Protocol
LSPでサポートする言語名
Enter the name of the language. The name will be shown in the VS Code editor m
ode selector.
? Language name:
markdown
LSPでサポートする言語ID
Enter the id of the language. The id is an identifier and is single, lower-cas
e name such as 'php', 'javascript'
? Language id:
markdown
LSPでサポートする言語の拡張子
Enter the file extensions of the language. Use commas to separate multiple ent
ries (e.g. .ruby, .rb)
? File extensions:
.md
LSPでサポートする言語のスコープ
Enter the root scope name of the grammar (e.g. source.ruby)
? Scope names:
source.md
サーバーの名前
? What's the identifier of your server?
markdown-server
拡張機能の名前
? What's the name of your extension?
VSCode Linter
拡張機能のID（全小文字）
? What's the identifier of your extension?
vscode-linter
拡張機能の説明
? What's the description of your extension?
（空欄のまま）
```

```
? Initialize a git repository?
Yes
```
※紙面での見やすさのため、質問と回答の間に改行を入れています

　ここでもプロジェクト生成完了後、npm installが実行され、開発用パッケージがローカルインストールされます。ESLintによるコードチェックの設定を10.3節と同様に行ってください。

静的解析の警告機能の実装

　リンター機能は、大きく分けて「警告機能」と「自動修正機能」の2つから構成されます。

　まずは、大文字に対して警告文を出す「警告機能」を実装します。サーバーのソースコードserver/src/server.tsの関数validateを、次のとおりに書き換えてみましょう。

```
vscode-linter/server/src/server.ts
/**
 * 大文字に対して警告を表示する
 */
function validate(doc: TextDocument) {
  // エディターで開いているファイルの文字列を取得
  const text = doc.getText();
  // 2つ以上並んでいるアルファベット大文字を検出するための正規表現
  const pattern = /\b[A-Z]{2,}\b/g;
  let m: RegExpExecArray | null;

  // 警告などの状態を管理するリスト
  const diagnostics: Diagnostic[] = [];
  // 正規表現に引っかかった文字列すべてを対象にする
  while ((m = pattern.exec(text)) !== null) {
    // 対象の位置から正規表現に引っかかった文字列までを対象にする
    const range: Range = {
      start: doc.positionAt(m.index),
      end: doc.positionAt(m.index + m[0].length),
    };
    // 警告内容を作成、上から範囲、メッセージ、重要度、ID、警告の出力元
    const diagnostic: Diagnostic = Diagnostic.create(
      range,
      `${m[0]} is all uppercase.`,
      DiagnosticSeverity.Warning,
```

```
    '',
    'sample'
  );
  // 警告リストに警告内容を追加
  diagnostics.push(diagnostic);
}

// VS Codeに警告リストを送信
void connection.sendDiagnostics({ uri: doc.uri, diagnostics });
}
```

　警告機能を確認するために、サイドバーの「実行とデバッグ」から「Client + Server」を実行します。開いたエディター内で、client/testFixture/diagnostics.txt と同じ内容の次のファイルを作ってみましょう。client/testFixture/diagnostics.txtは、後述するテストで利用します。

```diagnostics.txt
C
COBOL
Go
Java
JavaScript
PHP
Python
TypeScript
```

　ファイル中の大文字列COBOLやPHPに対して、図10.3のように波線で警告が出るはずです。1文字だけのCなどには警告は出ません。

自動修正機能の実装

　自動警告機能をさらに拡張し、警告箇所の大文字を小文字にする「自動修正機能」も実装しましょう。

　まずは、server/src/server.tsのimport文を編集し、利用するAPIを追加します。

```vscode-linter/server/src/server.ts
import {
  CodeAction,
  CodeActionKind,
  createConnection,
```

205

```
  Diagnostic,
  DiagnosticSeverity,
  InitializeResult,
  ProposedFeatures,
  Range,
  TextDocumentEdit,
  TextDocuments,
  TextDocumentSyncKind,
  TextEdit,
} from 'vscode-languageserver/node';
```

続いて、connection.onInitialize関数内でサーバー仕様にコード修正を追加します。

vscode-linter/server/src/server.ts
```
return {
  // サーバー仕様
  capabilities: {
    // ドキュメントの同期
    textDocumentSync: {
      openClose: true,
      change: TextDocumentSyncKind.Incremental,
      willSaveWaitUntil: false,
      save: {
        includeText: false,
      },
    },
    // ここを追加
    codeActionProvider: {
      codeActionKinds: [CodeActionKind.QuickFix],
      resolveProvider: true
    }
  },
} as InitializeResult;
```

最後に、setupDocumentsListeners関数を次のコードに変更します。ここで、具体的なコード修正方法を定義しています。

vscode-linter/server/src/server.ts
```
function setupDocumentsListeners() {
  documents.listen(connection);

  documents.onDidOpen((event) => {
    validate(event.document);
  });
```

```
documents.onDidChangeContent((change) => {
  validate(change.document);
});

documents.onDidClose((close) => {
  void connection.sendDiagnostics({
    uri: close.document.uri,
    diagnostics: [],
  });
});

// ここから追加

// Code Actionを追加する
connection.onCodeAction((params) => {
  // sampleから生成した警告のみを対象とする
  const diagnostics = params.context.diagnostics.filter(
    (diag) => diag.source === 'sample'
  );
  // 対象ファイルを取得する
  const textDocument = documents.get(params.textDocument.uri);
  if (textDocument === undefined || diagnostics.length === 0) {
    return [];
  }
  const codeActions: CodeAction[] = [];
  // 各警告に対してアクションを生成する
  diagnostics.forEach((diag) => {
    // アクションの目的
    const title = 'Fix to lower case';
    // 警告範囲の文字列取得
    const originalText = textDocument.getText(diag.range);
    // 該当箇所を小文字に変更
    const edits = [
      TextEdit.replace(diag.range, originalText.toLowerCase())
    ];
    const editPattern = {
      documentChanges: [
        TextDocumentEdit.create(
          { uri: textDocument.uri, version: textDocument.version },
          edits
        ),
      ],
    };
    // コードアクションを生成
    const fixAction = CodeAction.create(
      title,
      editPattern,
      CodeActionKind.QuickFix
```

```
  );
  // コードアクションと警告を関連付ける
  fixAction.diagnostics = [diag];
  codeActions.push(fixAction);
  });

  return codeActions;
  });
}
```

■──利用しているAPI

　ここでは、`server.ts`で利用したVSCode Language Server - NodeのAPIを解説します。リンター機能の開発では、サーバー側にのみ追加のAPIとして`CodeAction`と`TextDocumentEdit`を利用しています。

　`CodeAction`は、コードアクションの管理を行うAPIです。今回は、`CodeAction.create`でファイルの修正などのコードアクションを作成しています。作成するコードアクションの種類は`CodeActionKind`で定義します。今回はクイックフィックスを行う`CodeActionKind.QuickFix`を利用しました。ほかのコードアクションには、リファクタリングを行う`CodeActionKind.Refactor`やまとめて修正を行う`CodeActionKind.SourceFixAll`があります。

　`TextDocumentEdit`は、コードアクションで行うファイル変更操作を扱うAPIです。ファイル変更操作の作成は`TextDocumentEdit.create`で行います。操作内容の詳細は`TextEdit`から作成します。今回使った文字を置き換える`TextEdit.replace`のほか、文字を挿入する`TextEdit.insert`、文字を削除する`TextEdit.del`が利用できます。

┃ リンター機能のビルド、実行

　「Client + Server」または F5 キーで実行してみましょう。警告機能で実行していない場合は、サイドバーの「実行とデバッグ」から「Client + Server」を選択してください。

　図**10.4**に示す画面が表示されます。警告箇所にマウスを置くと電球マークが付き、「Fix to lower case」をクリックすると該当箇所を小文字にクイックフィックスします。

図10.4 リンター機能による修正

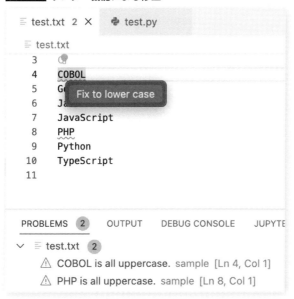

リンター機能のテスト

　リンター機能のテストは前節のHello, World!のテストと類似したものになります。client/src/test/diagnostics.test.tsを次のとおり編集しましょう。このとき、もとのHello, World!のsuite文は削除します。

```
vscode-linter/client/src/test/diagnostics.test.ts
（省略）
suite('Should get diagnostics', () => {
 const docUri = getDocUri('diagnostics.txt');

 test('Diagnostics Upper to lower', async () => {
   await testDiagnostics(docUri, [
     {
       message: 'COBOL is all uppercase.',
       // 2行目のCOBOLに警告を出すか検証
       range: new vscode.Range(
         new vscode.Position(1, 0),
         new vscode.Position(1, 5)
       ),
       severity: vscode.DiagnosticSeverity.Warning,
       source: 'sample'
```

```
    },
    {
      message: 'PHP is all uppercase.',
      range: new vscode.Range(
        // 6行目のPHPに警告を出すか検証
        new vscode.Position(5, 0),
        new vscode.Position(5, 3)
      ),
      severity: vscode.DiagnosticSeverity.Warning,
      source: 'sample'
    },
  ]);
});
});
  (省略)
```

　サイドバーの「実行とデバッグ」のから「Language Server E2E Test」を選択し、テストを実行します。VS Codeが立ち上がり、次のclient/testFixture/diagnostics.txtに対してリンター機能が実行されます。

```
vscode-linter/client/testFixture/diagnostics.txt
C
COBOL
Go
Java
JavaScript
PHP
Python
TypeScript
```

　テスト項目では、COBOL、PHPという2つの大文字列に警告を出すかを検証しています。テストに成功すると、「デバッグコンソール」パネルに次の結果が出力されます。

```
Should get diagnostics
  ✓ Diagnostics Upper to lower (2046ms)
1 passing (4s)
```

　なお、検証項目の増加につれコードは長くなりがちです。慣れてきたら、関数の作成などのリファクタリングもこまめに行うとよいでしょう。

10.5

コード補完機能の開発 —— よく使う単語をコード補完

第6章から第8章で利用していたコード補完機能は、LSPで実装できます。本節では、2種類のコード補完機能を実装します。一つは、VSと入力すればVS CodeまたはVisual Studio Codeとコード補完する機能です（**図10.5**）。もう一つは、現在開いているファイル名をコード補完する機能です（**図10.6**）。

なお、クライアント側の実装は前々節までと同様なため省略します。

コード補完機能プロジェクトの作成

10.3節、10.4節と同様に、Yeomanから拡張機能を作成します。ここでもMarkdown言語を対象として設定します。「LSPでサポートする言語のスコープ」までは次のとおりに入力しましょう。それ以降は前節と同様に Enter キーを押し続けても問題ありません。今回作成するプロジェクトの名前はvscode-completionとします。

```
Yeomanによるコード補完拡張機能プロジェクトの作成
$ yo languageserver
拡張機能のタイプ
```

図10.5 コード補完機能によるVS Code、Visual Studio Codeの補完

図10.6 コード補完機能によるファイル名の補完

211

```
? What type of language server extension do you want to create?
New Language Server Protocol
LSPでサポートする言語名
Enter the name of the language. The name will be shown in the VS Code editor m
ode selector.
? Language name:
markdown
LSPでサポートする言語ID
Enter the id of the language. The id is an identifier and is single, lower-cas
e name such as 'php', 'javascript'
? Language id:
markdown
LSPでサポートする言語の拡張子
Enter the file extensions of the language. Use commas to separate multiple ent
ries (e.g. .ruby, .rb)
? File extensions:
.md
LSPでサポートする言語のスコープ
Enter the root scope name of the grammar (e.g. source.ruby)
? Scope names:
source.md
サーバーの名前
? What's the identifier of your server?
markdown-server
拡張機能の名前
? What's the name of your extension?
VSCode Completion
作成する拡張機能ID
? What's the identifier of your extension?
vscode-completion
拡張機能の説明
? What's the description of your extension?
（空欄のまま）
Gitリポジトリを作成するか
? Initialize a git repository?
Yes
```

※紙面での見やすさのため、質問と回答の間に改行を入れています

　ここでもプロジェクト生成完了後、npm installが実行され、開発用
パッケージがローカルインストールされます。ESLintによるコードチェックの設定を前々節と同様に行ってください。

コード補完機能の実装

　まずは、server/src/server.tsのimport文を編集し、利用するAPIを

追加します。本節では警告の表示は行わないので、`validate`関数は削除
しておきましょう。

```
vscode-completion/server/src/server.ts
import {
  CompletionItem,
  CompletionItemKind,
  createConnection,
  InitializeResult,
  ProposedFeatures,
  TextDocumentPositionParams,
  TextDocuments,
  TextDocumentSyncKind,
} from 'vscode-languageserver/node';
```

　コード補完機能を実装するためには、サーバーの初期化設定に次のコ
ードを追加する必要があります。

```
vscode-completion/server/src/server.ts
connection.onInitialize(((params): InitializeResult => {
    （省略）
    return {
      capabilities: {
        textDocumentSync: {
          （省略）
        }
        // コード補完機能のサポートを有効にする
        completionProvider: {
          resolveProvider: true
        }
      }
    };
}));
```

　それでは、実際にコード補完機能を実装します。
　まずは、ドキュメントを監視し、コード補完する文字列を定義します。
`setupDocumentsListeners`を次のとおり書き換えましょう。

```
vscode-completion/server/src/server.ts
function setupDocumentsListeners() {
  // ドキュメントを作成、変更、閉じる作業を監視するマネージャー
  documents.listen(connection);
  // コード補完機能の要素リスト
  connection.onCompletion(
    (textDocumentPosition: TextDocumentPositionParams): CompletionItem[] =>
    {
```

```
    // 1行目の場合はVS CodeとVisual Studio Codeを返す
    if (textDocumentPosition.position.line === 0) {
      return [
        {
          // コード補完を表示する文字列
          label: 'VS Code',
          // コード補完の種類、ここではTextを選ぶがMethodなどもある
          kind: CompletionItemKind.Text,
          // コード補完リスト上でのラベル
          data: 1
        }, {
          // コード補完を表示する文字列
          label: 'Visual Studio Code',
          // コード補完の種類、ここではTextを選ぶがMethodなどもある
          kind: CompletionItemKind.Text,
          // コード補完リスト上でのラベル
          data: 1
        }
      ];
    }
    // 2行目以降はファイル名を返す
    const fileUri = textDocumentPosition.textDocument.uri;
    return [
      {
        label: fileUri.substr(fileUri.lastIndexOf('/') + 1),
        kind: CompletionItemKind.Text,
        data: 2
      }
    ];
  }
);
}
```

　VS Codeで開いているファイルの1行目にVSを入力すると、VS Code、Visual Studio Codeの2つがコード補完候補として表示されます。textDocumentPositionから、カーソルの位置を取得しています。また、ファイルの2行目以降では、textDocumentPositionを使ってファイル名を取得し、コード補完を行います。

　続いて、コード補完リストの詳細を定義する関数setupDocumentsListenersを定義します。

```
function setupDocumentsListeners() {
    (省略)
    // ラベル付けされたコード補完リストの詳細を取得する
```

```
connection.onCompletionResolve(
  (item: CompletionItem): CompletionItem => {
    if (item.data === 1) {
      // 詳細名
      item.detail = 'VS Code 詳細';
      // 詳細ドキュメント
      item.documentation = 'Visual Studio Code 詳細ドキュメント';
    } else if (item.data === 2) {
      item.detail = '現在のファイル名';
      item.documentation = 'ファイル名 詳細ドキュメント';
    }
    return item;
  }
);
}
```

■—— 利用しているAPI

ここでは、`server.ts`で利用したVSCode Language Server - NodeのAPI
を解説します。補完機能の開発でも、サーバー側にのみ追加のAPIとし
て`CompletionItem`と`TextDocumentPositionParams`を利用しています。

`CompletionItem`は、エディターで補完する内容を定義します。コード補
完の種類は`CompletionItemKind`で定義できます。今回使った任意のテキス
トを扱う`CompletionItemKind.Text`のほか、変数を扱う`CompletionItemKind.
Field`やファイルを扱う`CompletionItemKind.File`が利用できます。

`TextDocumentPositionParams`は、開いているドキュメントの位置情報を取
得します。位置情報は、ファイルのURIを扱う`TextDocumentPositionParams.
textDocument`と、ファイルの行と列を扱う`TextDocumentPositionParams.
position`の2つで構成されています。

コード補完機能のビルド、実行

サイドバーの「実行とデバッグ」から「Client + Server」を選択し実行して
みましょう。選択後は `F5` キーからでも実行できます。

本節冒頭の図10.5と同様に、1行目でVSと入力すると、VS Code と
Visual Studio Codeの2つの補完候補が表示されます。また、2行目以
降で現在開いているファイル名の頭文字(test.txtならt)を入力すると、
図10.6のように現在のファイル名が補完されます。

コード補完機能のテスト

　コード補完機能のテストは自動生成されていないため、ゼロから作ります。新しくファイルcompletion.test.tsを作成しましょう。このファイルは、テスト用に自動生成されたclient/testFixture/completion.txtに対して、コード補完機能の正しさをテストします。client/testFixture/completion.txtの中身は空で、2行目でのコード補完を実行するために改行1つのみを入れています。

```
vscode-completion/client/src/test/completion.test.ts
import * as vscode from 'vscode';
import * as assert from 'assert';
import { getDocUri, activate } from './helper';

suite('Should do completion', () => {
  const docUri = getDocUri('completion.txt');

  // 1行目にカーソルを置いて、"VS Code"コード補完が起動するか検証
  test('Completes VS Code', async () => {
    await testCompletion(docUri, new vscode.Position(0, 0), {
      items: [
        {
          label: 'Visual Studio Code',
          kind: vscode.CompletionItemKind.Text
        }
      ]
    });
  });
  // 2行目にカーソルを置いて、ファイル名をコード補完するか検証
  test('Completes file name', async () => {
    await testCompletion(docUri, new vscode.Position(1, 0), {
      items: [
        { label: 'completion.txt', kind: vscode.CompletionItemKind.Text }
      ]
    });
  });
});

async function testCompletion(
  docUri: vscode.Uri,
  position: vscode.Position,
  expectedCompletionList: vscode.CompletionList
) {
  await activate(docUri);
```

```
// `vscode.executeCompletionItemProvider`でコード補完を実行する
const actualCompletionList = (await vscode.commands.executeCommand(
  'vscode.executeCompletionItemProvider',
  docUri,
  position
)) as vscode.CompletionList;

expectedCompletionList.items.forEach((expectedItem, i) => {
  const actualItem = actualCompletionList.items[i];
  assert.equal(actualItem.label, expectedItem.label);
  assert.equal(actualItem.kind, expectedItem.kind);
});
}
```

サイドバーの「実行とデバッグ」の選択肢から「Language Server E2E Test」を選択し、実行します。ここでは、1行目に Visual Studio Code が補完候補に出現するか、2行目に completion.txt が補完候補に出現するかをテストしています。テストに成功すると、「デバッグコンソール」パネルに次の結果が出力されます。

```
✓ Completes VS Code (2480ms)
✓ Completes file name (2022ms)
2 passing (5s)
```

なお、「デバッグコンソール」パネルの出力に、Hello, World! のテストが残って失敗する場合があります。その場合は、client/out フォルダを削除し、npm run compile コマンドを実行することで、テストコードの再トランスパイルが行えます。

10.6

まとめ

本章では、Language Server Protocol を使った拡張機能を開発しました。プログラミング言語のリンター機能やコード補完機能を実装できれば、自分の開発環境を自由自在に最適化できます。今回紹介した以外にも、ホバー機能、定義／参照ジャンプ機能などを開発できます。今後拡張機能を開発するときは、LSP での実装を選択肢として考えてみましょう。

索引

著者プロフィール

上田 裕己（うえだ ゆうき）

ソフトウェアエンジニア。システム開発に従事。
Visual Studio Codeのコントリビュータで、R言語の
拡張機能「vscode-r」などを開発。
ソフトウェア工学を学び、静的解析ツールに関する
開発を行う。博士(工学)を取得。

GitHub Ikuyadeu
Twitter @ikuyadeu0513

装丁・本文デザイン	西岡 裕二
レイアウト	酒徳 葉子（技術評論社）
本文図版	スタジオ・キャロット
編集アシスタント	北川 香織（WEB+DB PRESS編集部）
編集	稲尾 尚徳（WEB+DB PRESS編集部）

WEB+DB PRESS plus シリーズ

毎日使える! Visual Studio Code
実践的な操作、言語ごとの開発環境、拡張機能開発

2023年7月12日　初版　第1刷発行

著者	上田 裕己
発行者	片岡 巌
発行所	株式会社技術評論社
	東京都新宿区市谷左内町 21-13
	電話　03-3513-6150　販売促進部
	03-3513-6175　第5編集部
印刷／製本	日経印刷株式会社

● お問い合わせ

本書に関するご質問は記載内容についてのみとさせていただきます。本書の内容以外のご質問には一切応じられませんので、あらかじめご了承ください。
なお、お電話でのご質問は受け付けておりませんので、書面または小社Webサイトのお問い合わせフォームをご利用ください。

〒162-0846
東京都新宿区市谷左内町 21-13
株式会社技術評論社
『毎日使える！ Visual Studio Code』係
URL https://gihyo.jp/（技術評論社Webサイト）

ご質問の際に記載いただいた個人情報は回答以外の目的に使用することはありません。使用後は速やかに個人情報を廃棄します。